耕す女《ひと》

持続可能な世界をつくる
女性農家の挑戦

BECAUSE
WE ARE
FARMERS

NPO法人
田舎のヒロインズ＝著

impress R&D

小林武史《ap bank》氏、指出一正《ソトコト》氏からエール!
農業から次の時代を切り拓く女性たちのエッセイ集

応援メッセージ――発刊に寄せて

女性の社会への関わり方が、未来にどんどん大きな影響を与えてきている一方で、やらされる農業ではないクリエイティブな農業への関心が確実に増えているということ。その二つが重なろうとしているなんて、未来に対して、これは鬼に金棒というものだと思っている。

小林 武史　ap bank代表理事

子どもたちが、おいしいごはんを食べて、大きな笑い声をあげて、たくさん走り回る未来を、田舎のヒロインズのみなさんが健やかな農業とともにつくっています。ぼくはそれをとても幸せに感じています。

指出 一正『ソトコト』編集長

はじめに

新しい元号がはじまった。そんなタイミングで本書を世に出すことには2つの意味がある。1つは「変わりゆく今だから」。もう1つは「変わらないから」。

最近よく「SDGs（エスディージーズ）」という言葉を耳にする。Sustainable Development Goals（持続可能な開発目標）の略称で、国連に加盟している193の国や地域が2016年〜2030年の15年間に目指す目標のことを指す。先進国だけの目標でなく、先進国と途上国が一丸となって達成すべき目標と位置づけられていることと、「やれること」の積み上げではなく、「目指したいこと」に目を向けていることの2つが特徴で、これまでは、「現実的にやれそうなこと」の範囲で目標を設置していた（フォーキャスティング）のに対し、理想とする姿に向けて何ができるか（バックキャスティング）という視点に変わっている。SDGsは17の目標（ゴール）を掲げているが、そのどれもに私たち農家、なかでも特に女性農家に関わりがあるように思える。

そんな大義名分はさておき、大地を耕し、地に足をつけて生きている女性たちは底抜けに明るく、そしてたくましい。20年前に発足した「田舎のヒロインわくわくネットワーク」のメンバーたちは、まさにヒロインと呼ぶにふさわしい強さと明るさを持っている。こういう女性たちがいる限りは、日本は大丈夫かもしれない、とさえ思えるほどの女傑たちだ。農家レストランや農家民宿、農産物の加工品づくりや農業体験の受け入れなど、農業や農村の魅力や可能性を伸ばすことに大きな貢献をしてきた初代ヒロインたちは多くのメンバーが還暦を超え、第一線を退いた。そんななか、２０１４年に「このままじゃ日本の農村は風前の灯火のようだ。世代交代をして活動を続けてほしい」という打診がきた。後継者不足、人口減少、都市への一極集中、自然災害の多発、国際情勢の不安定化…。この20年で農業・農村を取り巻く状況は格段に悪化してしまっている。10年後にいったい農家がどれくらい残っているのか。限られた人数でいざという時に国民全員を養えるだけの生産能力は残っているのだろうか。そんな危機感から、私たち現役女性農家は立ち上がることを決めた。これが本書を出す１つ目の理由だ。

しかし、理事長就任の打診が来た当時、私はすでに別のＮＰＯ法人の役員もしており、農業と子育てと家事全般に加えて２つのＮＰＯ活動に関わるのは少々重荷に感じて一度は断った。そんな私を、団体の創設者である山崎洋子さんが「いいからおいで」と全国集会に呼んだ。２年に一度開かれるという全国集会では、女性農家さんたちが熱い議論を繰り広げ、中盤になるとそれぞれの思いの丈を披露する「１分スピーチ」というプログラムが始まった。そのとき壇上に立った１人の若い女性農家さんの一言が私の気持ちを変えた。「私が最初にこの場（全国集会の１分スピーチ）に立ったのは、母におんぶされて出た20年前です。今はその母と一緒に農業をしています」とその女性は言った。脈々とつながれてきた絆と知恵。そして変わらぬ想い。これは大事にしなきゃいけないぞ、と直感的に思ったのだ。これが2つ目の理由。

時代は変わっていく。社会も変わっていく。でもそこに決して変わらないことがある。健康に生きていくには食べものが必要だということだ。だとすれば、その食べ物をつくる「農業」という仕事はいつの時代のどんな社会にも必要で、将来的に農業が続けられるための次世代育成も必要だ。20年前に「田舎のヒロインわくわくネットワーク」が自主制作した文集『田舎のヒロイン』を手にしたとき、その想いはさらに強くなった。当時の女性農家さんたちが言っていることが今でもまったく色あせていないどころか、むしろ時代と共に重みが増している。2014年に名称も運営体制も一新して、「NPO法人田舎のヒロインズ」として生まれ変わったときから、女性農家（＝耕す女たち）が発する、時代や社会に流されない力強い生き方やメッセージを、いつか書物としてカタチにしたいと考えてきた。元号が令和に変わったばかりのこのタイミングで、現役で農業に従事している「耕す女」たちの生の声に加え、そんな女性農家たちをさまざまな形でサポートしてくれている仲間たち、そして世界に例を見ない活動の布石を敷いてくれた先輩たちの声をここに集め、「変わらないもの」の記録として書籍化する次第である。出版を実現させてくれたインプレスR&D社様と、ギャラは農産物、という変わった条件で寄稿して下さった皆さんに心からの謝意を述べたい。

（NPO法人田舎のヒロインズ理事長　大津 愛梨）

応援メッセージ――発刊に寄せて　3
はじめに　4
第1部　耕す女《ひと》①大津　愛梨（熊本県南阿蘇村）
農業なくして「持続可能な社会」なし～「農家の嫁」の飽くなき挑戦～　16
第1部　耕す女《ひと》②高橋　菜穂子（山形県村山市）
地域を生かす、女が生かす　28
第1部　耕す女《ひと》③吉村　みゆき（福井県あわら市）
畑から食卓へ　34
第1部　耕す女《ひと》④加藤　絵美（福島県福島市）

えがおになれるお米をふくしまで　42
第1部　耕す女《ひと》⑤谷　江美（北海道士別市）
都市と農村をつなぐ　50
第1部　耕す女《ひと》⑥小田垣　縁（兵庫県養父市）
養豚場から愛をこめて　58
第1部　耕す女《ひと》⑦大塚　なほ子（長野県軽井沢町）
美しさ、強さの源は畑に　64
第1部　耕す女《ひと》⑧藤原　美里（熊本県南阿蘇村）
農村だからこそできる子育て　72

第1部　耕す女《ひと》⑨Ｙａｅ／藤本 八恵（千葉県鴨川市）
父が築いた農園と母が拓いた歌の世界
どちらも継いだ半農半歌手という生き方　80
第1部　耕す女《ひと》⑩北澤 美雪（長野県須坂市）
農業が果たす多面的機能　88
第1部　耕す女《ひと》⑪長田 奈津子（福井県あわら市）
家族と一緒に台所に立ち、家族と一緒に食事をとる幸せ　96
第1部　耕す女《ひと》⑫稲澤 エリナ（福井県坂井市）
ファーマーの夫と命の誕生の場に寄り添う助産師のコラボレーション　104
第1部　耕す女《ひと》⑬宮崎 悦子（熊本県氷川町）

元帰国子女OL、農家の嫁になる　110

第2部　耕す女《ひと》の仲間たち

30年を経た農業の多面的機能という概念　120
（一社）日本協同組合連携機構　和泉 真理

地に足をつけた生き方のススメ　125
日本テレビ『ザ！鉄腕！DASH!!』元プロデューサー、執行役員事業局長　小村 司

服も農産物〜オーガニックコットンの畑から考える〝顔の見える服づくり〟　129
エシカルファッションプランナー　鎌田 安里紗

女性が主演の農業こそが輝く　133
農林水産省大臣官房政策課技術政策情報分析官　榊 浩行

農業ICTから広がる夢　142
NTTドコモアグリガール001　大山りか
「NPO法人田舎のヒロインズ」の書籍出版に寄せて　148
Ome Farm 代表　太田 太
酪農を通して子供たちが夢を抱ける世界を（女子高生の想い）　157
修猷館高等学校　堤 夏穂
おだやかな革命～これからの時代の「豊かさ」を問いかける　160
ドキュメンタリー映画監督・有限責任事業組合いでは堂 代表　渡辺 智史
初めての来日時に阿蘇で地震を経験して（女子大生の想い）　167
北海道大学　ステラ・ウィンター
耕される男　170
O2ファーム　大津 耕太

第3部　耕す女《ひと》——時を超えて

第1部

大津 愛梨
（おおつ　えり）

熊本県南阿蘇村

農場名：O2ファーム
生産物：水稲、あか牛
同居家族：夫、子供4人（13歳の双子♂、11歳♂、4歳♀）の6人家族

耕す女《ひと》 ①

農業なくして「持続可能な社会」なし～「農家の嫁」の飽くなき挑戦～

大津 愛梨

夫の郷里である熊本県・南阿蘇村で無農薬・減農薬のコメづくりをしている「農家の嫁」である私は、ドイツ生まれの東京育ち。大学時代の同級生だった「彼」を、農家の後継者だとは知らずに射止めた。24歳で結婚を決めたときは親から猛反対をくらったが、それももう20年も前のこと。4人の孫を得た私の親はすっかり目尻が下がり、昨年からは南阿蘇村に移住してきてくれた。「将来介護されたかったらこっちに来て」という一人娘の希望を叶えてくれたのだ。今はスープの冷めない距離に住み、まだ幼い末っ子を時々預かってくれている。

伴侶を射止めたのも私の方なら、「耕す女」への道を選んだのもまた、私自身だった。「いつか継がなければならないなら、早い方がいい」と考えたからだ。大学を卒業して1年後に籍を入れ、夫婦そろって海外の大学院に進学。私たちが卒業した99年は、大手金融機関である山一證券が倒産し、就職は最氷河期。無理に就職するよりは、まだ勉強したいことがあった。環境の勉強がしたくて大学に行ったのに、バブルの名残りがあった当時はニュータウンの緑化程度の授業しかなく、人と自然の共生について学びたかった私はドイツの大学院に進学することにしたのだ。一度は海外に住んでみたかったという夫も一緒に留学することになり、私たちの新婚生活はドイツでスタートした。環境先進国といわれるドイツで3年半、夫婦共に持続可能な農業や、農業の多面的機能（後述）について学んだ経験は、私たちにとって大きな基盤となっている。

2002年に帰国し、一旦は東京に住んだが、「大家族」が夢だった私は、水と自然が豊かな南阿蘇村での子育てを望んだ。帰国後半年で移住、そして就農。迷いはなかった。東京育ちの私にとって、毎日が驚きと発見の連続。当時は珍しかった農家のホームページやブログを開設し、日々の暮らしや農業についての情報発信を始めた。やがて子宝に恵まれ、農村での子育てについても積極的に発信するようになった。そんな地道な情報発信により、我が家には国内外から実にたくさんのお客さんがやって来る。農業に興味がある人、農村暮らしに興味がある人、子供を自然の中で遊ばせたい人…。多くの来客から刺激や情報をもらいつつ、農業や農村の魅力を今も発信し続けている。

なぜそんなことをするのか。世界の土地の7割が農村部だと言われているなか（一方、人口の7割が都会に住んでいる）、農村の環境を守ることは生物多様性の維持に大きな意味を持つことをドイツで学んだからである。手つかずの自然にも多くの動植物が棲息しているが、適度に管理された（＝半自然とか二次的自然などと呼ばれる）農村エリアや里山には、そこでしか棲息できない種類が多く存在している。食糧確保にとっても農村は重要だ。世界に類を見ない超高齢社会を迎え、少子化も相まって日本の人口は減少傾向にある。しかし世界に目を向けてみると、爆発的な人口増加が予測されている。今は海外から安い農産物が輸入され、手軽に食糧を買うことができるが、国際情勢が不安定化している上に、世界中で異常気象や自然災害が起きているなか、いつまでも「安い農産物」が手に入るかどうかなど、誰にも分からない。もしそうなったとき、この国に農業をする人がほとんどいなくなっていたら？　田畑が荒れてしまって容易に戻せない状態になっていたら？　脅すつもりはないが、農家や農地が減っていることや、「限界集落」と表現されてしまうほどの過疎化現象は、決して農村住民だけの問題ではないと思っている。それだけではない。農業が営まれていることで心和む農村風景が維持されたり、都市部が出すCO_2《シーオーツー》を農村部の田畑や山林が吸収したりしているのである。

　また、ドイツ留学時代に「食べ物もエネルギーも作る農家」の存在を知ったことは、就農するときの大きな決め手となった。チェルノブイリ原発事故をきっかけに国策として再生可能なエネルギーを増やしてきたドイツでは、牛舎や家屋の屋根には太陽光発電のパネルを載せ、家畜の糞尿や草を原料としたバイオガス発電（有機物を発酵させ、メタンガスを取り出して発電する）、山から得た木を利用した地域ぐるみのセントラルヒーティング等々、「化石燃料や原発に頼らずに済む社会」が少しずつでも現実のカタチとなっていた。その姿は、人間が快適に生きていくために必要なのが食糧とエネルギーだとすれば、そのどちらも作り出すことができるのが農家であるということを教えてくれた。そんな社会を見てきた私たち夫婦は、就農当初から「食べ物もエネルギーも作る農家」を目指していたし、環境や景観の勉強をしてきたので「農業を続けることで農村の風景を守る」ことも目標にした。

そんな想いを持ち、地道に啓発活動をしていた私に転機が来たのは、2011年の福島第一原発事故と、その2年後の「世界農業遺産」に関わる活動だった。

再生可能な資源（太陽光、風力、水力、バイオマス）による発電をしても、それを買い取ってもらえる制度がまだ日本になかったため、2011年までは主に勉強会やワークショップやイベントを通じて、再生可能なエネルギーの大切さを訴えていた。しかし、世界史上、チェルノブイリ原発事故に続く大惨事となった福島原発事故を契機に、日本でも再生可能なエネルギーの固定価格買取制度（通称FIT）が作られ、再生可能なエネルギーは急速に広がり始めた。が、設備を作るのに多額の初期投資が必要なため、農家にとっては敷居が高く、大手の企業が農村の土地や資源を使って売電事業で儲けるという、温暖化防止のためにはよくても、農家にとって直接メリットのない事態になってしまった。農産物の価格が年によって（出来によって）変わるのに対し、電気や熱の価格は安定しているため、農家の収入アップや経営の安定化につながるような再生可能エネルギー事業を増やしていきたい。令和という新しい元号に変わった今も、諦めずに粘り強く続けているところである。

一方、風景や生態系や農村の文化を守っていきたいという想いについては、熊本県で2013年にあるイタリアンシェフの発案から始まった「世界農業遺産」への認定活動によって大いに前進した。国際連合食糧農業機関（FAO、本部ローマ）が2000年より始めた世界農業遺産制度は、独自の価値を持つ農村を認定し、次世代に引き継ぐためのサポートをするものである。阿蘇といえば日本最大の草原が広がる雄大な景観を有するだけでなく、そこでしか棲息できない動植物や、野焼きをはじめとする独特の文化を持つ国立公園である。その価値について、有志による勉強会などを開いていたところ、熊本県知事（蒲島郁夫知事）が賛同し、官民一体となって認定を目指すことになった。英語が得意な私は、ローマや能登で開かれた国際会議にプレゼンターとして送り込まれ、阿蘇の魅力や価値について精一杯アピールした。2013年5月、阿蘇は世界農業遺産に認定された。阿蘇に住み、阿蘇の自然や景観を守っていきたいという私たち夫婦の想いは重みを増し、これからも農業を続けることで世界的な価値を持つ農村地帯を守っていく所存である。

そんな一連の活動や転機を経て、2014年からはNPO法人田舎のヒロインズ理事長にも就任した私は、夢や想いを共有できる仲間を得て、「農業・農村の魅力や可能性を広げる」ための活動を本格的に開始することになる。ここで同法人の活動を簡単に紹介しよう。

2014年に新体制で再スタートを切ったNPO法人田舎のヒロインズの目標は、「農業後継者不足を解消する」こと。そのために、①自分たちの想いや暮らしを広く伝えて農業や農村暮らしに興味を持ってもらうこと、②興味を持った人には実際に来てもらって魅力を体感してもらうこと、③女性農家という立場だからできる次世代育成をすること、の3つを活動の柱とした。本書の出版は、私たちの想いを伝えるための手段であり、ほかにもセミナーの開催やSNSでの発信を通じて、継続的に想いを伝え続けている。農村の美しさや、女性農家のイキイキした美しさをアピールするため、稲刈りが終わった後の田んぼでファッションショーを開催したこともあった。

次に、受け入れ活動としては、子供から大人まで、私が02ファームとして続けていた受け入れ活動を他のメンバーのところでもできるようにしたり、農業環境技術研究所（現国立研究開発法人農業・食品産業技術総合研究機構）の若手研究者さんを1週間ずつ会員宅で受け入れたりしてきた。2019年からは、農林水産省の農業女子プロジェクトと連携し、農家の庭先にテントを張った農村グランピングにも取り組もうとしているところである。

私たち女性農家だからこそできる次世代育成事業としては、熊本地震が発災した2016年夏より「リトルファーマーズ養成塾」を毎年開催している。このプログラムは、「田んぼや畑に連れて行ってもテンションが上がらない子供たち」を対象とした4泊5日の夏合宿で、いわば子供版農業経営塾である。都会の子供たち向けのプログラムももちろん大事だが、それはすでに全国で取り組みが行われている。現役農家である私たちが、農作業だけでも相当忙しいなか、敢えて取り組むにはそれ相応の理由と根拠が必要だ。少子高齢化で、将来的には少ない人数で農地や農村を守っていかなければならない次世代農家のタマゴたちに、早くから「生きる力と考える力」を身につけてもらおう、という趣旨でスタートした。マグニチュード7を超す大地震が2回も続けて起きた熊本で、たとえ家や暮らしが壊れても、命さえ残っているなら、また種を撒くところから始めればいい、という強い精神力が必要だと感じたからである。田畑に行っても冷静に観察ができる子供たちを集め、自分たちの力でファーマーズマーケットを開催する、というお題を与えた。どこで、誰に、何を、いくらで、どれくらい売るかはすべて子供たちが決め、段取りもする。もちろん、遊んでもいいし、休んでもいいが、1日の過ごし方も子供たちが決める。24時間のうち1時間だけ皆で車座になり、その日の振り返りとともに「子供の哲学」という手法をつかった禅問答のような時間を持つのが、このプログラムの特徴だ。「生きるとは何か」「自由とは何か」「お金とは何か」など、決して答えのない問いかけに対し、子供たちが自由に発言する。この手法を広めている新潟大学の豊田光世さんに指導をしてもらい、毎日1時間ずつ続けたところ、子供たちはびっくりするほどの「哲学的な発想」をするようになった。あまりに面白いのですべて記録しているが、今後ますます変化していく社会の中で、答えがない問いに臆さず向き合える子たちが育ってくれたら本望である。これらの活動に必要な資金はすべて助成金に頼っていたため、今後続けていけるかどうかは明言できない。しかし、この4年間で女性農家として何ができるか、どんな投げかけができるか、やっと見えてきたところである。

もう1つ、最近になって気づいたことがある。それは、「日本の女性農家」という属性の持つ意味の大きさである。日本は、アジアの中で最初に先進国となった。明治維新以降、常に欧米を追うことで急速な経済成長を成し遂げた半面、公害をはじめとした環境問題や、自殺や鬱に代表される社会問題など、「課題先進国」とも呼ばれている。しかし近年、かつての日本以上のスピードで経済成長をしている国々は、日本が犯した同じ間違いを繰り返しかねない状況にある。特に農業においては、ファストフードやファストファッションの市場拡大で、より人件費や土地代の安い国や地域での生産が余儀なくされ、地球温暖化や貧困や飢餓の問題を増大させている。いち早く先進国入りした日本は、後続の（といってもすでに多くの国々に追い抜かれているが）国々に対して、過ちから学んだことを伝えるべきであり、またそうしないと地球規模で加速的に進んでいる温暖化や人口増加に対する解決策など見つかるはずがない。そんな「日本」に住む「女性」であり「農業者」である私たちは、この立場だからやるべきこと・やれることが多いように感じるのである。

私たち女性農家たちができることは、社会に大きなインパクトを与えるには至らないかもしれない。しかし、私たちが諦めて何もしなかった場合のインパクトは大きい。だって、国際社会の目標を達成していくためにも、その先にある「世界平和」や「持続可能な社会」への鍵を握っているのも、私たち「耕す女」であるといっても過言ではないのだから。農業をしながら自然豊かな農村で

4人の子供を育てることの幸せを日々感じている母として、「何もしなかったら今の農村の姿は消えていく」ことが分かり切っている以上、やれることを片っ端から精いっぱいやるだけのことである。子供たちや孫たちに「自然豊かな農村」を遺していくために。

25　第1部　耕す女《ひと》①大津 愛梨（熊本県南阿蘇村）

第1部

高橋 菜穂子
（たかはし　なほこ）

山形県村山市

生産物：水稲、果樹（りんご・さくらんぼ）、野菜（スイカ）
同居家族：夫、子供2人（3歳♀、1歳♀）、父母の6人家族

耕す女《ひと》 ②

地域を生かす、女が生かす

高橋　菜穂子

農家に生まれたわたしは、大学を卒業してすぐに農業を仕事に選んだ。大学では教育を学び、農業の教育力に気がついた。そして、地元である山形県の人口減少へ歯止めをかける方法として、農業がもっと若い人に選ばれる仕事であったなら、人口を確保し農業の後継者不足も解消できるのではないか、そんなことを考えて、まずは自分が率先して山形に戻り、父の農業を手伝うことにした。今でこそ農業女子プロジェクトという形での若い女性の農業への参画がクローズアップされるようになったが、その頃は女性の後継者は珍しく、高橋がなりさんという農業界にとって異色のスポンサーが応援してくれたおかげで、さまざまな挑戦をすることができた。挑戦の内容は、著書『山形ガールズ農場！』（角川書店）をご参照いただきたい。女性だけの農業、都市農村交流、6次産業化、法人化、高付加価値作物の生産、食農イベントの企画、農業の新しい価値の創造…。正直に言って大変だったし、うまくいかないことのほうが多かった。その分、たくさんの経験ができたことで、次のステップに進んでいる。そのステップとは地方自治の政治の場だ。２０１５年10月、わたしは地元である山形県村山市の市議会議員選挙に立候補をして当選させていただいた。

わたしが就農してから10年が経ち、農業後継者は徐々に増えてきたと思う。女性たちも元気に活躍している姿を目にするようになってきた。しかし前述のように勝手な使命感で走ったわたしは息切れし、ちょうど娘を授かり活動を休止しようとしていたところに、市議会議員の選挙に出馬してみないかという話が舞い込んだのだった。

わたしの実家は、祖父が農協の組合長であり市議会議員を務め、父もその後継者として活動したことがあったため、わたしにそういう話が舞い込むのも不思議ではないのかもしれない。お話をいただくまではまったく考えたことはなかったのだが、それでもその話を引き受け、妊娠9か月で大きいお腹の候補者となった。そして投票日の1週間後に、無事に3898グラムの女児を出産した。

わたしがうれしかったのは、「これからは若い人でないとだめだ」と言って、妊娠していたっていい、しっかり応援する、と言ってもらえたことだった。いつ生まれるか分からない妊娠39週目の選挙運動、候補者が選挙カーに乗っていない、異例の選挙戦となった。決して都会ではないまだ封建的な雰囲気の残る片田舎で、女性であり、若造であるわたしを応援していただいたことに驚く気持ちもあった。それだけ、地域には危機感があるということかもしれない。さまざまな事情があっての応援だったのかもしれないが、いずれにしても多くの方から支持をいただき当選できたことに相違ない。

出馬にあたり、「農村を元気に、笑顔を」というフレーズを掲げた。自分が農業を通して実現しようとしたことに、ステージを変えて取り組むことにした。山形県村山市は、村山盆地に位置し平地は水田地帯であり、寒暖の差があり果樹にも適し、場所によっては山間地域となるため、日本全国どこにでもある平均的な「地方」であると言えよう。特産品は、さくらんぼ、米、そしてスイカなど、なんでも作ることができる土地柄、さまざまな農業経営がなされている。災害は少なく、雪さえなければ暮らしやすい土地であると思われる。村山市の人口は、現在２万４千人だが右肩下がりで減少しており、例にもれず消滅可能性都市とされている。出生数から見る地元の小学校の児童の数を推計してみると、現在１２０人の全校児童が６年後には60人になる。恐るべきスピードなのだ。消滅可能性都市の算出は、20から30代までの女性の数をもとに計算されているのだから、女性が地域の未来を握っているのだ。だからこそ女性の声は大切で、どう政治に生かしていくかは大きな課題なのだが、いまだ日本の政治は男性主導で女性の政治家は少ない。

わたしは地方自治の場で、農業の経験者として、女性の立場からしっかりと声を届けていきたいと思う。一方で、発言には責任を持たなければならないことを肝に銘じている。それは男も女も同じことであるが、わたしは市議会で一番年齢が低く、２人しかいない女性のうちの１人なので珍しく目立つ存在であるからこそ、理論的に説明することと、冷静になることを心がけている。そのおかげで市長や市職員にも、同僚議員にも真摯に受け止めてもらえていると感じている。他者の意見を受け止める技量があるかどうかが地域の未来を左右するのではないか。女性の意見だけでなく若者の意見、Iターン移住者などの少数の方の意見にもそこに隠された問題とその本当の意味を捉えられるようにしていくことこそ、住みやすい地域づくりになると確信している。都会と田舎という単純な区別をするのもおかしいと思うけれども、女性にとって田舎のほうが暮らしやすい、そんな地域づくりをしていくことが未来に向けて有意義なチャレンジであると思う。女性の持つ「つなぐ」力こそ、前途多難な過疎地域に今求められている力だ。まだ封建的な空気が残っている田舎において、世代交代で徐々に変わってきたが、地域づくりにおいて女性の果たす役割に気付いている男性とともに、未来志向のアクションを起こしていきたい。わたしの暮らす集落には婦人会はあるけれど、若い女性が集まる機会が少ないので、お茶会を開催してはどうかと考えている。昔は各地に存在したという「若妻会」のような場を作り、同じ地域に暮らす同世代と、楽しみや悩みを共感できればよいのではないかと思う。小さなことからでも、自分たちが居心地のいい地域を作っていきたい。

わたしたちは、この地で生きることを選んだのだ。いくつかの選択肢の中から、農業を選び自然とともに生きることを心に決めた。自分の選択を自分で認めてあげよう。自己を肯定して、プライドを持って生きていくことがわたしは大切だと思う。それだけで、強くなれる。日本の変革は、農村に暮らす女性たちから始まると信じている。

New Style for User
Type V

第1部

吉村 みゆき
（よしむら　みゆき）

福井県あわら市

農場名：（株）フィールドワークス
生産物：とみつ金時（さつまいも）、とみつかぼちゃおよび加工品（うらごしさつまいも・うらごしかぼちゃ）
同居家族：夫、子供4人（14歳♀、12歳♂、9歳♂、7歳♀）の6人家族

耕す女《ひと》 ③

畑から食卓へ

吉村 みゆき

福井県の最北端、日本海に面したあわら市の丘陵地、富津地区で専業農家の3代目の夫と「とみつ金時」というさつま芋を生産している。食卓の窓から見える景色。広大な畑に、森、そしてその奥には海とそしてどこまでも広がる空。そんな景色を毎日眺めながら「この自然豊かな環境を子供たちの世代へと残していけるだろうか?」と考えるようになったのは子供が生まれ、この広大な自然の中で土に触れ、のびのびと成長していく子供の姿と日々向き合うようになってからだ。子供たちが自然の中で遊ぶ姿を見ていると、時折自分の幼い頃の記憶が蘇る。

実家は岐阜県の山間の集落で、農業に適した土地ではなかったが、昔から養蚕や林業で生計を立ててきた地域。父の代に山の木を切って原木椎茸栽培を始めた。祖父母と両親、そしてなんと兄妹6人の10人家族。今でもまれな環境だが、その当時でも6人兄妹というのは珍しかった。そして家族に加え国内外からの研修生を常に受け入れていたため、母は11人分の食事の用意や洗濯、農作業と相当な大仕事をこなしていたと自分が親になってあらためて感じるが、私の記憶に残っているのは、いつも鼻歌交じりで食事の支度をし、陽気に仕事に励む底抜けに明るい母の姿だ。農繁期、作業が終わらない日は、夕食を食べた後にも両親は作業場に戻り夜なべで出荷作業をしたり、日曜日が休みというわけでもないので、休日も忙しそうに働いていたが、寂しさを感じたことはない。休日は両親と一緒に山へおにぎりを持って作業に行き、兄妹で競うように手伝いをしたり、森の中で思い切り遊び、一生懸命働く両親の背中をいつも間近で見て、家族で協力して何かをやり切るという達成感も子供ながらに感じていた。

中学生になり、進路を考えるとき「自営業の人と結婚して一緒に働きたい！」という漠然とした、けれども確かな思いがあった。それは幼少期から家族で一緒に働いてきた「仕事も家庭も一緒」という農家の生活が、不満より家族の絆を感じ、互いに支え合える生活だと感じ始めていたからだと思う。その後、お菓子作りや料理などに興味があったことから、父から「衣食住に関わることを学ぶのは、生きていく上で決して無駄にはならないよ」とアドバイスを受け、高校卒業後は短大で食物栄養学を学んだ。食物の栄養素や臨床栄養学を学んでいく中で「献立」以前に、大切なのはどうやって育った食物を選ぶか？　ではないかと思い始めた。例えば一口に「ほうれん草」といっても、露地栽培なのか、水耕栽培なのか。作る場所や作り方によってそもそもの含有栄養素の量が違うのではないかと、栄養価計算をしていて考えるようになった。それは子供の頃から両親と一緒に農作業をする中で、常に父が自分たちで作る農産物に誇りを持って、手間暇をかけて、本物の安全な農産物を作る姿を見てきたからだと思う。人の命を育む「食」の原点はまずは生産の現場「農業」にあると考え、短大卒業後に、海外農業研修制度で1年間スイスの農家で農業研修をした。夫とはこの農業研修制度で知り合った。同じ年に派遣された夫はアメリカで経済効率の良い大規模な農業を、私はスイスの家族経営で環境保全型農業をと、同じ農業でも両極端だが、どちらも世界の中で先進的な取り組みをしている国で農業の現場を学ぶことができた。そんな同志ともいえる夫と中学生の頃に漠然と考えていた「自営業の人と結婚して一緒に働きたい！」という思いが現実のものとなり、夫と結婚して16年。４人の子供に恵まれて、現在子育ても農業経営も、夫と夫婦二人三脚で試行錯誤しながら営んでいる。

　結婚当初、当ＮＰＯの前身である全国の女性農家が繋がり築いてきた「田舎のヒロインわくわくネットワーク」を立ちあげた山崎ご夫妻の営む牧場が隣町にあったことや、実家の母もこの会の会員であったことから、結婚を機に私もこの会に携わらせていただいてきた。全国で生き生きと自立して農業を営む多くの先輩女性農家の方々の話を聴く機会が身近にあったことで、農村で暮らしながらも広い視野で「農家」という枠にとらわれることなく、人生設計をしてこられたように思う。

　嫁ぎ先の夫の家は戦後の開拓村で、夫の祖父母が終戦後に入植し、山を切り開いて開墾をしてきた土地だった。家も、井戸も何もない山の中から始まった開墾時代の苦労を、夫の両親や祖父母から結婚当初よりよく聞いていた。０から始まった今でいう新規就農者の祖父母たちが、試行錯誤して苦労の末農場を築き、さらに義父世代が県内でも有数のさつま芋の産地として成長させていた。夫は祖父母が開墾した農地への愛着と、県の特産物として成長した産地としての誇りや責任感を結婚当初から持っていた。さつま芋の産地として歩み始めた30年前、30軒ほどの農家で作った生産組合は、義父世代は15軒に減り、さらに3代目となる夫世代の後継者は5軒となっている。国内のさつま芋の産地としては規模の小さい、全体でわずか30ヘクタールほどの農地だが、いずれは5軒の農家でこの土地を維持していかなければならない現状がある。

私自身も農家で育ち、家族が協力して営んできたことや、スイスでの農業研修先も家族経営で、環境に配慮した自給自足的な農家の暮らしに魅力を感じていた。そんな思いから、後継者が減り、残った農家が規模拡大をしていかなければ産地を維持していけないという現状に不安や迷いがあった。それは自身も農家で育ち、規模を拡大していくことのリスクや、より効率や生産性を重視した経営が必要となり、いわゆる農の魅力である、生産性以外の豊かさが損なわれるのではないかという危惧があったからだ。農家として、農村風景の維持であったり、食農教育の生きた学びの場であったり、癒やしであったりと、ただ食べ物を生産するというだけではない、効率だけでは計れない人の営みを、規模拡大していく中でどう維持していくか？　夫とは常々話し合い、これまでとはやり方を変え、さまざまな工夫をしてきた。例えば、作り手がいなくなった畑を常に稼働させるのではなく、緑肥を蒔いて休めることで健全な畑の状態を保ったり、農道の草刈りに乖用の機械を導入し重労働を軽減しながら景観を維持したりする。作業場には雨水を貯めて野菜の洗浄に使うシステムや、貯蔵施設の温度管理に使うエネルギーを太陽光で発電した電気を使うなど効率化を図りつつもエコなシステムを導入してきた。そして現在後継者として残った５軒の農家で組合を作り、協力しながら産地として経営面でも、生産する土壌の維持の面でも「持続可能な農業経営」を目指し、様々な取り組みを始めている。

その一つに耕作放棄地に豚を放牧して、特産物である「とみつ金時」を餌として与え育てる放牧豚プロジェクトがある。きっかけは、猪が作物を食べ畑を荒らす獣害被害がここ２～３年で急激に広がってきたからだ。それまで廃棄してきた出荷できないさつま芋を豚に餌として与え、猪の進入路となる草が生い茂って荒れた畑に豚を放牧し、一日に何度か餌やりや見回りに人が行って人と鳥獣とのテリトリーを明確にする試みだ。獣害対策、耕作放棄地の有効利用、農産物の廃棄削減、のびのびと育った豚を美味しくいただくという、一石三鳥、四鳥にもなり得ると、試行錯誤しながら取り組んでいる。

またこうした豊かな農村のフィールドや食を、自分たちだけでなくたくさんの子供たちにも味わってもらいたいと、収穫体験や自家製野菜を使った料理体験、また年に一度「ＯＰＥＮ ＦＡＲＭ ＤＡＹ」を開き、広大な自然と豊かな食を体全体で感じてもらい、子供たちに農に触れのびのびと思い切り遊んでもらうイベントを行ってきた。

近年、地球環境の変化から毎年、異常気象といわれる。大雪が降ったり、大雨が降ったり、かと思えば日照りが続いたりと、農業を取り巻く環境は年々厳しくなってきている。こういう時代だからこそ、子供たちには自分で考え生き抜く力を身につけてほしいと願う。そして「自然の中で生かされている」という感覚を、我が子だけでなく少しでも多くの子供たちに感じてもらえるよう、このような取り組みを今後、自分にできる役割としてやっていきたい。

子育てをしながら、農作業や、様々な活動をするのはとても労力の要ることだが、鼻歌交じりで家事をこなしていた母の背中、その原動力が生命力に満ちた自然豊かな環境や子供たちのエネルギーからだったことを、母となり自身も感じている。こうした営みが受け継がれていくことを願い、日々を積み重ねていきたいと思う。

第1部

加藤 絵美
（かとう　えみ）

福島県福島市

農場名：（株）カトウファーム
生産物：水稲、大麦、ホップ、野菜および加工品
同居家族：夫、子供4人（16歳♂、12歳♂、8歳♂、4歳♀）の6人家族

耕す女《ひと》 ④

えがおになれるお米をふくしまで

加藤 絵美

福島県福島市の北部、大笹生という地域で主に米や、ネギの栽培をしている。美しい果樹園に囲まれた田園風景が広がる土地で現在、主人と社員と共に約45ヘクタールを作付け。南相馬市でも米、麦、大麦、ホップの栽培をはじめた。自称「フリースタイル農家」として黄色いツナギを着て農作業だけではなくいろいろな活動をしている。

農業を始めたのは平成21年8月。夫婦共に脱サラして、主人の祖父が守ってきた田圃を受け継いだ。それまで営業の仕事に就いていたのだが農業に対して不思議と戸惑いもなく、楽しく暮らしていけるならそれでいいと感じたのだ。その当時20代だった私は、ショートパンツにタンクトップという無防備な格好で機械に乗っており、近所のおじいさんや通りすがりの人が見に来て驚いていた。そのくらい若い女性農業者が珍しかったということだろう。前職とは何もかもが違って新鮮で、夏は倒れるほどに暑く冬はかじかんで手が動かない。毎日クタクタになって、農業って大変だ！と思いつつも精神的な疲れは全く感じなかった。

知識の無いままに始めた菓子製造や仕出し業も、なかなか面白かった。仕事が少ない冬場には、バイトに行く農業者も多いのだが、バイトに行かずに冬場を乗り越えたいと考え加工場もほぼ手作りし、許可を得た。それからは日々試行錯誤！　日が昇る前に起きて、1人加工場にこもって商品開発をしていた。それをJAの農産物直売所で販売し、毎日夕方に届く売り上げメールに一喜一憂していた。人気だったのは、親戚の和菓子屋さんで修行した椎茸おこわのおむすびで、次に黒ごまのシフォンケーキ、柔らかい生餅など。時には手捏ねのパンも焼いた。美味しいねと言ってもらえるのが嬉しくてストイックに作り続けたのである。今の活動にもつながる貴重な経験となった。

平成23年3月11日14時46分…税務署に確定申告の書類を提出した帰りの車内。経験したことのない揺れ…恐怖を通り越して笑ってしまうほどに激しかった。就農してから1年と7か月経った頃だった。揺れた瞬間に信号機が壊れ、目の前のブロック塀が崩れていく。まるで映画を観ているようで、家に近づくにつれ恐怖感が増し、只事じゃないと大泣きしながら家に戻った。そして翌日には水素爆発。危険だと理解するまでに数日かかり、15日に福島を出ることになった。自ら危険を感じたわけではない。当時、農業指導をしてくださっていた先生から説得されたのだ。今すぐに避難すべきと…。雨が静かに降り、何となく不気味な夜…。衣服など積めるだけ積んで父母、友人に別れを告げた…。その頃の作業としては、種蒔きの準備だった。

避難先は、義理の妹が住む滋賀県。まずは会津大学で被ばく検査を受けないと他県に出ることができなかった。何とも言えない…異様な光景。今、思い出そうとしても白黒の世界だが誰もが暗く不安そうな表情をしていた。もう戻れないかもしれない…そう感じていた。その当時、3人目の子がお腹の中にいて、妊娠6か月頃、身重で悪阻もあり大変な時期に2人の子供と愛犬を連れて滋賀県までの道のりも長く長く…すれ違う対向車を見る度、何となく申し訳ない気持ちになったり、福島を捨てて来てしまったようで心が重かったのを覚えている。ガソリンの給油量にも規制があり、やっと辿り着いた時には、色んな思いで涙が溢れた。情報は意外と少なかったが空間線量は毎日チェックしていた。2週間程経ち、福島を出た時に比べて半減した頃に、ひとまず戻ろうかと帰宅することに。

福島に戻ったはいいが、農業を続けられるかどうかわからなかった。国の方針に従うという選択肢しかない状況で、待ちながら自分はどうしたいのか、どうするべきか毎日毎日考えていた。他県に移り住んで農業をやらないか？　そう声をかけてくれた人もいたし、違う仕事に就くことも考えた。この土地を守りたいという気持ちが芽生えていたため、福島以外で農業をやることには興味が持てなかった。いざ、作付けしていいと国の方針が決まったら、もう一つの悩みがでてきた。インターネット上に日々あげられる福島で暮らすことのリスク。福島の農家はテロリストだなどという悪質な書き込み。何を信用し、何処へ向かえばいいのかわからない。また、本当に危険な環境だとすれば、ここで子供達を育てることは、親として最低ではないのか…。考えても考えてもわからず思い悩んだ末に、その当時、小学1年生だった長男に聞いてみた。母子避難という選択をする友人が多かったのもあり、パパとママと別々に暮らすのと、もしかしたら病気になってしまうかもしれないけど福島で一緒に暮らすのと、どちらを選ぶか？　と…今思えばそんな選択を子供にさせるなんて…ひどいなと…。当たり前だが、みんなで一緒に暮らしたいと答えた。その答えを聞いて、福島で暮らすこと、福島で農業をすることの覚悟が決まったのだ。

除染という言葉が当たり前のように飛び交う。それぞれの農家さんが努力し、土を剥いだり、放射性物質の吸収を抑制する肥料を撒いたり、大変な作業が加わった。マスコミなどにも取り上げられる機会が増え、個人としての発言なども責任重大な状況になり、目立つ発言としては、「うちの作物は大丈夫。安全です」と…間違いではないが、違和感があった。

安心安全は自ら言わないと決め、ありのままを、日常を、飾らずに発信していこうとフェイスブックやツイッター、インスタグラム、ブログなどで作業の様子や子供の様子、日々感じたことなどをアップしてきた。

震災後、多くの人との出会いがあり、様々なプロジェクトがうまれ、絆を深めてきた。本当に幅広く、肩書きや立場も関係なく、熱い想いを持つ方々に出会えたことで、応援してくれる人がこんなにもいて、真剣に福島を考えてくれている！　ということがわかった。頑張れとは言わない、今はただ踏ん張れ！　と言ってくれた人もいた。どんなに辛い状況だとしても、とても心強かった。

出会いが出会いを呼び、農業のイベントをはじめ、復興関係のイベントやトークじッションなども増え全国各地、時には海外にまで行くようになった。その様な機会の中で出会った人が福島に興味を持って全国から、海外から会いに来てくれることが幸せであるし、自分が福島のためにできることの一つだと確信している。

もう一つ、生産者同士の繋がりがとても強くなった。漁師達との出会いも大きなキッカケとなり、お互いの地域を行き来し、学び合い、認め合い、福島が…東北が一つになった気がしている。

とにかく沢山…

本当に沢山…

多くの優しさ、言葉、知恵を与えてもらった。

それらは福島の未来、農業の未来、今を生きる子どもたちの未来に向けて何かしたいというエネルギーとなり心にも考え方にも大きな変化があった。次世代の農業者も育てていきたい。もっと福島のために役立ちたい。そんな思いが強くなり、イベントなどを企画し発信、販売していくことを決め任意団体も立ち上げた。B-eatJAPANという団体名で今のところ福島や都内、ベトナムでの催事など国内外で活動をしている。数名の仲間も加わり、南相馬で育てた大麦やホップと福島と会津で育てたホップを原料にビールを造りたいと思い醸造の勉強も始めた。農業、農業者、食、文化を地域や国を越えて交じり合い高め合う。そんな団体でありたいと思っている。基本的には作業中も楽しくありたいし、イベントなども自分が楽しんでできる内容で企画をするが、関わる仲間達がなるべく疲弊せず笑顔でいられるか、来てくれる人、食べてくれる人が笑顔になってくれるかを大切にしている。それが今まで関わってくれた方々への恩返しになると信じているからだ。震災後、ウェブサイトを作った時に、担当の方が取材に来て考えてくれたキャッチコピーは、「えがおになれるお米をふくしまで」である。この言葉をこの先もずっと大切にしていきたい。

第1部

谷 江美
（たに　えみ）

北海道士別市

農場名：（株）イナゾーファーム
生産物：イナゾートマト（有機フルーツミディトマト）、水稲、大豆、南瓜および加工品（有機トマトジュース）
同居家族：夫、子供4人（6歳♀、4歳の双子♀、1歳♂）、義父母、義祖母の9人家族

耕す女《ひと》 ⑤

都市と農村をつなぐ

谷 江美

北海道北部の士別市で専業農家の3代目の夫と有機フルーツミディトマトを主力にした農業経営をして9年になる。冬は全国でも指折りの寒冷且つ豪雪な地帯だが、夏の日中は比較的高温多照に恵まれる。この寒暖差のある気候とミネラルたっぷりの粘土地帯で美味しい農産物を追求している。

東京の閑静な住宅街に暮らし、伝統的な女子校で過ごした私が北国の農家になることは誰も想像しなかったに違いない。ただ、会社員の父は手に職のある自営業を薦めていたし、環境に恵まれていたため自分の信じた道を突き進める素地はあった。だから農業を選択する上での迷いはなかった。もっとも、父が薦めていた自営業は農家を想定したものではなかったと思うのだが。

農業への開眼は、早稲田大学に入学して直ぐたまたま受講した「農山村体験実習」がきっかけとなった。大学に入学した新入生と言えば、各種サークルの催す「新歓」など大学生らしさを満喫するこの時期、私は山形県高畠町のブドウ農家で2泊3日の農作業実習を経験するなど早くも我が道を突き進み始めていた。

自分の知らない外の世界＝海外、を知りたい、という気持ちの強かった私が、農村での経験を通じて、「自分の知らない世界は国内にもある」というあまりにも単純なことに気付いた。私にとって、農作業体験は「非日常」だけれど、農家の人にとっては「日常」である。野菜をスーパーで買って食事をつくる都会の「日常」と畑を耕して野菜をつくる農村の「日常」は、バラバラではなく繋がって、支え合っている。この構造を自らの体験をもって気付いたことが私の人生における重大な局面となった。この気付きは今に至るまで私の原動力だ。

「分断されている世界を繋げたい」という思いから自分の知らない世界に興味があった。自分の「非日常」が他人にとっては「日常」であることに気付く思いやりや想像力が広がれば世界はもっと良くなると信じているが、テーマとしては大きすぎる。そこで、自分にとってこの気付きを得たきっかけである「農業」という分野における分断された両者、「都市と農村をつなぐ」ことをライフワークにすることをこの時決めたのだ。

大学1年次の夏には、北海道十勝地方の新得町にある共働学舎という農業、酪農、チーズ製造を行う施設で開催された2週間のワークキャンプに参加した。この時、キャンプのリーダーで当時はまだ学生で農家の後継者だった現在の夫と出会った。私が結婚を機に北海道に移住し就農するのはこの時から6年先のことになるが、この間将来は農業をすることを前提として行動してきた。

現在の「田舎のヒロインズ」の前身である「田舎のヒロインわくわくネットワーク」を立ち上げ

た福井県のおけら牧場の山崎洋子さんとの出会いも同時期であった。２００５年３月に早稲田大学で開催された「田舎のヒロインわくわくネットワーク全国集会」に参加し、全国から集まった農家女性の熱量に圧倒された。「学生でも参加費を払って参加者名簿を得たのだから、これを利用してどんどん農家巡りをして勉強したらいいよ」、と洋子さんは私が持っていた名簿内の訪問候補となる方の名前にどんどん○を付けてくれた。聞くところによると洋子さんご自身が、全国各地で講演に呼ばれたらホテルや旅館に宿泊するのではなく、宿泊先として各地の農家女性を紹介して欲しいという条件で講演を引き受けてきたとのこと。そうして築いた全国の農家女性の人脈を自分だけのものにするのではなく、全国各地場所は違えど、農業を生業とし、農村で生きる女性が持つ思いや悩みは共通項も多いのだから、と人と人を繋いでできたのがこの「田舎のヒロインわくわくネットワーク」だったのだ。今でこそ、スマホやＳＮＳ等の普及により簡単に「繋がれる」時代になったが、１９９４年の結成当時、全国の農家女性を繋いだ組織というのは世界的に見ても珍しい。こうして集まった全国の農家女性達から「６次産業化」という言葉がまだない中、農産物の加工品開発や農村レストラン、農家民宿を手掛ける動きが起こったのだから本当に先駆的だ。しかし、こんなカリスマ的な農家女性である洋子さんから思いがけないことを言われたのは忘れもしない。「彼氏が北海道の農家の後継者なの？　それは大変だ！　北海道の雄大でのびのびしたイメージの裏には苦労が多いのだよ！」

電気も水道も通っていない荒地を耕してきた洋子さんに「大変だ」と言われたことは今ではすっかり笑い話である。2010年秋に北海道に嫁いだが、幸い今まで大変な思いはしていないと思っている。私が単に鈍感だという以上に、周囲が努力し環境を整えてくれていたのだろう。家族は夫の祖母と両親、子供が4人の総勢9人で同居している。現代では稀に見る大家族である。ワークもライフも共有する農家ならではの暮らしは都会で生まれ育った私には新鮮で、特にまだ手のかかる双子を含む4人の子供達の子育てにおいては協力を得やすく大変助かっている。ただ、地域としては過疎が進行し、後継者不足が悩ましい。当然子供も少なく、長女の同級生は1人しかいない。夫が小学生だった頃の同級生は23人、さらに遡り義父の時代は77人だったそうだ。1戸あたりの耕地面積は拡大し、大規模でも機械で効率的に作業しやすい畑作が好まれる傾向にある。農業ICT化が進み、自動運転トラクターが活躍する日もそう遠くないだろう。仮に少ない人数で耕地面積はカバーできたとしても、地域行事などの社会文化的側面を少なくなった若者でフォローすることを期待されるのは荷が重すぎる。地域の人口減がさらなる減少に繋がらないよう、できることからでもすぐに改善していくべきだ。

現在我が家は約14ヘクタールの耕地面積で稲作、畑作、園芸の複合経営を行っている。夫は3代目として2007年に農業経済を学んだ大学院を修了して直ぐに実家に戻り就農した。それまでは同面積で稲作と畑作だけの経営であったが、夫曰く「結婚して生活資金を稼ぐため」に新規作物として2008年にまずはビニールハウス1棟で有機フルーツミディトマトの栽培を始めた。導入から10年以上経ち現在はビニールハウス14棟（約65アール）に作付し、全量を自主販路により直販している。その他稲作（もち米）、畑作（大豆、南瓜）については現時点では農協出荷を主としている。

私の主な仕事は、全量を直販している有機フルーツミディトマトや加工品である有機トマトジュースの販売に係る業務全般である。農場に参画した2年目に有機JAS認証を取得し、夏季には珍しい高糖度トマト「イナゾートマト」として当農場のオリジナルブランドとして育ててきた。全国の百貨店や高品質スーパーに販路を開拓し、農場内に小さな加工所を設けトマトジュースの加工を手がけることで、短期間に栽培面積を拡大することができた。全く未経験の農産物の加工や販売に至るまでを手さぐりで試行錯誤しながら取り組んできたのがこれまでだ。

今後の展望として、実は今新しいチャレンジの只中にいる。働きながら4人を育てる農家の母の立場から、世の中の子育てを応援する商品を畑から発信したいと考えている。具体的には、農場ならではの高品質素材を使用した安心安全なベビーフードの商品化だ。私自身の子育て環境は、畑でとれた新鮮な野菜を子供に与えることができるだけでなく大家族ならではのサポートに恵まれ充実しているが、それは極めて例外的なことだ。子育て世代の大多数がそうではないだろう。最近の子育てをとりまく環境は「お母さん、或いはお父さんが頑張り過ぎないことを応援する」方向に向かっているであろう（そうであってほしい！）と願っているのだが、その一助になる商品を目指したい。お母さんやお父さんのストレスがなくなることが、子育てにはなによりの栄養だと考えている。現代の多忙な子育て世代を応援することで、未来の子供達が育まれる社会をよりよいものにしていきたい。たまたま、農村で農家という環境で子育てする機会に恵まれたこの幸運を、なんらかの形として実現し、都会の子育て世代に還元したい。これが今私の考える「都市と農村をつなぐ」ひとつの方法だ。

　豊かな農業・農村の可能性を信じ、都会に住む人々や次世代にその喜びや魅力を手渡し、未来に繋いでいきたい。都会に生まれ育ち、興味関心すらなかった農業が、自分の日常に、暮らしそのものになることもある、このラッキーなきっかけを与えられた1人としてはただ何もしないではいられないだけなのである。子供達・次世代には挑戦し続けているその態度を、成果でもって示せるように行動していきたい。

提供：ニューカントリー

第1部

小田垣 縁
（おだがき　ゆかり）

兵庫県養父市

農場名：八鹿畜産　養豚部
生産物：おだがきさん家の八鹿豚（母豚110頭一貫経営）
同居家族：夫と2人。農場は両親と弟と従業員2名

養豚場から愛をこめて

小田垣 縁

私の暮らす街、養父市は緑豊かな山々に囲まれた中山間地域で、国家戦略特区 農業特区の指定都市である。

我が家は祖父母の代から続く養豚農家。昭和53年、私の祖父が中心となり旧八鹿町内に点在していた養豚農家を1箇所に集め、臭いや環境問題を解決し、経営の効率化や経営規模を拡大し養豚業を専業とすることで、より増収が見込めるとして行政・商社の協力のもと8軒の養豚農家が養父市の山奥に畜産団地を整備し農事組合法人八鹿畜産を設立した。

設立当初は、組合員も若く勢いがあり、現在と比べても豚肉の取引価格が高かったことや、飼料の輸入価格も安かったことから、比較的経営は順調であった。そんななか、祖父母の代を引き継いだ両親のもと、私は小田垣家の長女として誕生した。

順風満帆とまでは言えなかったが、努力した分、経営も安定し養豚業でやっていけると両親が自信を持ってから10年後、バブルの崩壊による景気低迷が養豚業界にも容赦なく襲いかかった。あわせて海外からの安い輸入豚肉がスーパーに並び、私たち国内の養豚農家は輸入豚との価格競争に巻き込まれ、肉豚の取引価格は下がり、経営の見直しに追われる状態になってしまった。

さらに追い打ちをかけるように平成2年には、台風の豪雨により土砂崩れが我が家を襲い全壊。生活する家を失い絶望的な状況のなか、両親は設立時の借金返済のため、休むことなく必死に2000頭の豚を育てた。崩壊した家屋の撤去、新築費用の調達と、当時の両親は生きる気力をなくすほど体力的にも精神的にも影響を受けていたはず。しかし、幼い私たちが何不自由なく生活でき、不安にならないよう働き続けた。

苦労に苦労を重ねた両親を再び苦しめたのは、私が10歳の時。右肩に激痛を感じた私は、診断の結果、悪性の骨腫瘍に侵されており田舎町の病院では治療ができず、片道3時間かけて神戸の病院へ通う生活が続いた。入院・手術・抗がん剤・放射線など、治療を受ける度に母が付き添ってくれた。2000頭の豚を父1人で飼育する日も少なくなかった。

そんなさまざまな困難をも乗り越え家業を守り続けた両親の背中を見て育った私は、少しでも恩返しをしたい！　そんな思いから後継者になるため、地元の農業高校に進学した。在学中、我が家の経営をまとめ意見発表大会に出場し、全国大会で最優秀賞・農林水産大臣賞を受賞。この受賞をきっかけに、私の人生は大きく変わった。

高校卒業後、さらに農業を学ぶため、東京農業大学の短大へ進学。楽しく学んだ短大生活を終え期待を胸に就農した。しかし就農後は、どん底の日々が待ち受けていた。祖父が倒れた数か月後に父が入院。経営のノウハウを学ぶ間もなく、年々苦しめられる餌の高騰・豚価の低迷・後継者不足といった問題や、長年続く大手メーカーの圧力により八鹿畜産・養豚部は、年々組合から脱退する人が増え、我が家も廃業の文字が頭をよぎった。そしてついに平成24年末、組合員は廃業してしまい、市内の養豚農家が我が家1軒のみとなってしまった。

しかし私たちは1軒となったことを逆に強みとして、厳しい時だからこそ頑張ろう、頑張れる！　という思いから今まで縛られ続けた大手メーカーとの取引停止を見直し、同時に消費者に安心・安全・信頼を直接伝えるための経営改善計画を始めた。販売先を失い、さまざまな問題に振り回され、豚流行性下痢（ＰＥＤ）や、ＴＰＰに怯え落ち込むなか、地元では美味しい八鹿豚が絶滅の危機だ！　という声をよく耳にしていた。

八鹿豚は他の豚肉に比べてとても柔らかく脂が甘くて香ばしい豚肉で、冷めても美味しく食べられるのが特徴だ。これはもちろん、いい餌を食べているのも理由の1つだが、やはり一番は生産環境だ。養父市の緑豊かな山々に囲まれストレスを感じることなくのびのび育ち、さらに私たち飼い主の愛情をたっぷり受けて育っているからこそ、柔らかくて肉質のいい豚が育つと実感している。

そこで私たちは「八鹿豚」を改め、独自の新ブランド「おだがきさん家の八鹿豚」を立ち上げることを決意。地域連携を視野に入れ、よりブランド力を高めるため、地元のケーキ屋さんを廻り、今まで廃棄されていたケーキのクズや切れ端を子豚の餌に混ぜ、仕上げに与える餌の研究を行った。仕上げの餌に酵素を加えることで、旨み成分であるアミノ酸含有量が従来の豚肉に比べ驚くことに百倍以上の結果となった。

地元の方々に応援していただき、今では、地元但馬の精肉店・卸業者への販売が実現し、ようやく安定生産のスタートラインに立つことができた。

ハム・ソーセージ・ベーコンなどの加工品販売もスタート。長年にわたり、生産のみの厳しい経営を行ってきたが、今後も餌にこだわりを持ち、生産性を安定させ、加工・販売と、６次産業化を視野に入れて地元の加工業者と連携していきたいと考えている。

全国的に見ても畜産業界では九州で大問題になった口蹄疫の件で、養豚農家が激減している。近年は、ＰＥＤや豚コレラでダメージを受け、これに飼料の価格上昇・ＴＰＰなどと、より一層畜産農家は減少していく傾向にある。しかし私はあえて養豚業にこだわり、祖父母・両親が一生懸命守り続けてきた経営を今後も維持し、養豚業に賭け、さらに磨きをかけて頑張っていきたいと思っている。そしてより多くの人に「おだがきさん家の八鹿豚」を知っていただき、安心・安全をこれからも伝え続けていきたいと考えている。

昨年、建設業を営む男性と結婚し、少し生活環境がかわった。夫は、私の豚へ対する思いを理解してくれ、異業種にもかかわらず休日に農場を手伝ってくれている。お互い業種は違うが、後継者という立場は同じであり、共感することは多々ある。お互いに、今日まで家業を守り続けてくれた両親に感謝しながら、次世代へ承継していけるよう共に学び続けたい。

まだまだ勉強不足ではあるが、先代の作り上げたこの流れを守り、しっかりと現状把握しながら新しい知識を学び、新たな産業へつなげていく！　そのためには6次産業化へ踏み出し、さらなる大きなプロジェクトを地元の方々と共に作り上げていくことで農業が地元の産業となり、但馬の活性化、兵庫の農業・日本の農業の発展につながると考えている。

第1部

大塚 なほ子

（おおつか　なほこ）

長野県軽井沢町

農場名：大塚農園・丹羽農園（岐阜県海津市の実家）

生産物：インゲンマメ、スナップエンドウ（固定種）など、丹羽農園は果樹（みかん・柿・梅・キウイ・イチジク）、水稲、野菜および加工品（無添加ジャム・フキの佃煮）

同居家族：夫、子供2人（2歳♀、0歳♀）の4人家族

美しさ、強さの源は畑に

大塚 なほ子

モデルという仕事をして20年が経ち、トライアスロンというスポーツを始めて10年が経った。そして母になって2年になる。今、単純に思うことは食べ物で体は作られているということ。何を食べてどんなライフスタイルを送るかによって体の形成や思考や人格までも作られるのだ。体はとても正直で自然の恵みで育った栄養のあるものが生きる糧となって、食べると元気が出る。人間の美しさや強さの源は、食べ物が生まれる場所、畑にあるのだ。

岐阜県の最南端にある海津市南濃町。わたしはこの町で生まれ、父は教員という兼業農家の末っ子として育った。幼いころから祖父母や両親が田んぼや畑で仕事をしているのを見ていて、田んぼの中を走り回ったり、みかんの収穫の時期になると家族や親戚と一緒に山の段々畑で仕事をして畑でお昼ご飯を広げてみんなで食べて団欒したりしていたことを思い出す。母は夜なべして野菜の袋詰めをしていた。

わたしは高校を卒業して名古屋の大学に進み、在学中にファッションモデルという仕事を始めた。

仕事をしていく中で都会への憧れが強くなり、東京に出て挑戦したいという欲がどんどん強くなった。大学卒業後すぐに岐阜から逃げるように東京へ。東京でモデルの仕事をして7年ほど経ち、スタイルをキープするために出合ったのがトライアスロンという競技。水泳、自転車、マラソンという過酷なスポーツにのめり込むうちに必要となったのは、やはり「食」だった。単にカロリーを摂取する食事ではなく、新鮮な果物や野菜をたくさん摂る食事法を取り入れると、みるみるとパフォーマンスが上がっていったのだ。体の中で食べ物が循環しエネルギーが生まれる感覚があった。そしてローフードマイスター講師の資格も取得した。ちょうどこのころ、父親が教員の仕事を定年退職し、母と一緒に畑で季節毎に10種類以上の野菜を作り、果樹の種類を増やし一年中何かの収穫をしていた。そんな父と母が作った採れたての野菜は本当に美味しく、東京のスーパーでは見たことのないピチピチとしたものだった。

そんなとき、東日本大震災は起きた。家族のこと、食の安全や環境問題など大切なことに気付かされる思いが走った。そして、ついに震災の翌年2012年に10年間住んだ東京から岐阜に拠点を移し、新鮮で美味しい食べ物がいつでも食べられる場所で、農のある暮らしがまた始まった。

この暮らしがもたらしたものは大きかった。父に教わりながら畑仕事をし、母が加工品として作っている無添加ジャムの仕事を手伝った。ジャムを作る工程だけでなくパッケージのデザインを考えたり卸し先ができたりして商品がお店に並ぶのが嬉しくなった。そのように採れた新鮮な野菜やお米を食べ、トライアスロンの練習環境も充実したことで、翌年には目標にしていたトライアスロンの世界選手権に出場したのだ。それから3年連続で「IRONMAN 70.3」という世界選手権への出場を果たした。

思い起こせば、小さいころからわが家では食べ物を作り採れたてをいただくことは当たり前で、その暮らしの中で培われたものは大きかっただろう。生きることは食べること。自然の恵みで育ったものを食べて自然の中で運動して循環していくというライフスタイルはゆるぎのない強さとなったのだ。幼いころからコンピュータゲームなどはまったくしたことはなく外で走り回って遊んでいた。祖父母も外が暗くなるまで畑で仕事をしていた。幼稚園と小学校は家から4㎞離れており、毎日往復2時間の登下校。山の中腹にある中学校までは自転車で往復1時間。おまけに朝早くからの部活動の練習が好きでしかたなかった。幼いときのこの経験と、米や野菜や果物を家族で作って食べるという自給自足の生活が体を強くしてくれたと思っている。生きていくために食べ物を作る中で、自分も成長させてもらえた。自然の恵みに感謝しながら自然と共に、農と共に生きていくことが人間として強く生きることになるのではないだろうか。

今は、信州の人と結婚して長野県の軽井沢町に住み子育て中。自分の子供にも新鮮で栄養のあるものをたくさん食べさせたいという思いで、小さいながらも畑で野菜を作っている。標高1000メートル近くにあるこの町は寒暖差が大きい。冬はマイナス20℃近くまで気温が下がることもあり、夏は涼しく過ごしやすいが短いので作物が採れる期間も短い。新天地での農業は主人と一緒に試行錯誤しているところだ。唯一、毎年作ると決めているのはインゲン豆。祖母が作っていたころから受け継いでいる種である。F1種がほとんどになっていく中で、毎年種採りをして祖母から両親へと受け継がれてきた固定種のインゲン豆の味は、祖母が生きていた20年ほど前からずっと変わらない。そして、わたしも今こうして新天地で受け継いで種採りをし、今年もとても元気に育っている。種を受け継ぐこと。手渡された種を未来の世代に手渡したい。美味しいものが食べられるという豊かさを子供たちに残したい。それは先祖が残してくれた大切な財産だと思っている。食べ物という生命を育み、命をつないでいくこと。農業を通じて学ぶことはとても広く、また環境にも目を向けざるをえない。自然と共に寄り添い、自ら考えて行動していくという自主性も育んでいきたい。

実家も兼業農家であったように、これからも兼業農家として農業を続けていこうと思う。大規模農業はできないが、家族が安心して食べられる分と少しお裾分けができるくらいはできればと思っている。高地ならではの作物を育てられればとも思っている。農のある暮らしの中で、子供に残せるものを大切に育てていきたい。そして子供と一緒にまた自分も成長していく。

母になってみてわたしが思うことは、母はものすごい量の仕事をこなしてきたと知ったことである。家族は3世代の7人家族。毎日7人分の食事を作り、子育てや家の仕事に加えて畑仕事。父は教員だったため授業や部活のある日に農業はできない。農業のほとんどは祖父母と母がしていた。

農家の嫁として子育てに加えて負担は大きかっただろう。母は強しという言葉がぴったりと当てはまっていた。底抜けとも思える強さがあったのだろう。わたしもそこに到達できるのだろうかと思う。まだまだほど遠い。ただ、その背中を追いかけていこうと思う。

わたしは農のある暮らしの中で育ち、成長してからは美しさと強さを追求し美味しい物を求めていったことで、たどり着いた場所が畑だった。人間も植物も生物はみんな自然の中でつながっているのだ。みんな土に還っていくのではないだろうか。美味しいものを食べて自然の中で体を動かしてエネルギーの循環をすることが生きていく上で欠かせない健康というものになるのだと思う。

わたしは畑の仕事をしていると、いつも自分の原点に戻れる気がしている。ものぐさをしない生き方をしていこうと思う。いのちをいただくことと、自分にとって特技となったスポーツを生かして「食」×「運動」というテーマで美味しく健康に暮らせる生き方を提案していきたい。

AN 70.3
1319
AlohaTable

第1部

藤原 美里
（ふじわら　みさと）

熊本県南阿蘇村

農場名：藤原農園
生産物：アスパラガス、里芋、水稲、そば
同居家族：夫、子供3人（13歳♀、11歳♂、8歳♂）、義母の6人家族

農村だからこそできる子育て

藤原 美里

阿蘇に生まれて阿蘇に育ち、高卒で地元の会社に就職した。高校時代から国立阿蘇青年の家（現国立阿蘇青少年交流の家）の施設ボランティアをなんとなく続けているうちに、野外活動のインストラクターとして活動を始めた。

自然学校という世界に魅力を感じ、会社を辞めてその世界に進みたいという気持ちが生まれてはいたけれど、収入も休みも不確かな世界に飛び込む勇気はなかった。勤めていた会社の「田舎で暮らすには安定的な雇用条件」から、辞めたらもう同じ条件の仕事は見つからないという不安があり、「挑戦をする」と心を決めるまで7年もかかってしまった。「安定した生活があってこそ自分のやりたいこと」ができるのだと何度自分に言い聞かせたか。この7年のおかげで今やれるときにやらなければと思えるのかもしれない。

自然学校のプログラムを作る会社に勤めて1年たったころに結婚が決まった。夫も青年の家のインストラクターで一緒に活動して10年。突然、お互いの気持ちが仲間から家族に変わったような気がする。結婚を決めた私は27歳。夫は17歳年上の南阿蘇の農家だった。南阿蘇村誕生の日に結婚届を出した私たちの環境は少しずつ変わっていった。夫は農業の合間に当時の青年の家のほか、村の子ども達にも野外活動の指導をしていた。山を挟んで反対側に嫁いだ私の「阿蘇」という自然豊かな環境のなかで自然と子どもを愛する夫との新しい生活が始まった。

阿蘇で育ったのに農家の暮らしがわからない私。夫の行動が読めない。野外活動のときの行動パターンはわかるし、ツボもわかる。それなのに日常がわからない。農家は不思議がいっぱいだった。「コシヒカリの種子を作っている」という意味がよくわからなかったことを覚えている。「知らない」「わからない」と言えなくて、いろいろなことをわかったふりをしていたと思う。知らないことが恥ずかしかった。

種がなければ農産物は育つわけもなく、種採りをしなければ次のシーズンに農産物を栽培できないことぐらいわかりそうなものだが、当時の私は考える力がなかったのか、考える気がなかったのか、振り返ると世間知らずで恥ずかしい出来事がいっぱいだ。私は阿蘇という恵まれた土地に住みながら自然のことも農業の良さも大切さも知ろうともせず生きていた。

結婚して農家の嫁になり、出産を経験して3人の母になり日々の生活に追われるなか、保育園の遠足で田舎のヒロインズの現理事長のえりさんに出会った。偶然バスで隣の席だった。周りから教えてもらっていたえりさんのことは、「なんだかいい大学を出ているらしいよ」だった。そのときはまだまだ私には遠い世界の人だった。えりさんとの出会いにちょっとずつ私の環境が変わっていくことになるのだが…。

それから時々勉強会へのお誘いがあった。農家なのに内容は再生可能エネルギーと教育の分野。誘い文句を聞いて面白そうと感じる話が多かった。農家だから知りたいというより、環境教育・社会教育の目線で参加を決めていたように思う。

えりさんは「人前で伝えることのできる農業者を増やしたい」と言う。青年の家で話す経験は積んでいたが、ただマニュアル通りにきれいな言葉を並べることではなく、えりさんの言う「伝える」の意味は「自分の考えを伝えることができる農業者」のことだった。

「ヒロインズの理事にならない？」と誘われ、不安もあったけど興味のほうが強く、えりさんの協力のもと夫を説得し、理事として関わることができたが、知識の少ない自分に向き合うのはつらかった。開き直るまでにも時間はかからなかったけれど。全国から集まる理事とヒロインズを応援してくださる多くの人との出会いはとても刺激的だった。女性が一番大変な結婚・出産・育児をこなしながらのヒロインズ活動はとても簡単なものではないけれども、「農村が抱える問題を解決していかなければいけない」と行動を始めている人たちばかりだった。それもここ数年の活動ではなかった。知らなかった。何もかもわからなかった。農家のことも農村のことも知ろうと思えばすぐそばにあるのに興味も持たなかった。必要だとも不必要だとも考えなかった。とにかく考えずに生きてきた。

野外活動は自然体験活動と名前を変えて子どもの成長に必要な生きる力を育むプログラムといわれている。イニシアティブゲームも増えている。プログラムを知るたびに農村生活にリンクする。農村生活で当たり前のことがわざわざ大事だと強調し、教育しなくてはいけないとプログラム化する時代になっている。

考える力をつけなければ有事の際には対応できない。阿蘇で育ってきた私は多くの震災と共に生きてきた。40年という生きてきた時間のなかで経験してきた水害・噴火・地震・台風。何度も大事な人との突然の別れを覚悟してきたか。自然豊かなところに住むことはきれいごとだけですまない。明日がくるとは限らない怖さや物流・情報が途絶えた時に生き残るために必要なものは、経験と考える力と四季折々の食べ物が作れる家庭菜園だと思った。田舎には生きるために必要な経験をできる環境がある。けれど待っただけでは何も始まらないことも農家になって初めて実感してきた。

農村の暮らしを意識し、農家・自然体験活動の指導者として農村の暮らしに目を向け始めたら今までと違った阿蘇が見えてきた。とてもきれいなふるさとだった。阿蘇に育った目線だけでなく外から見る阿蘇の目線をヒロインズを通して出会う多くの方々に教えてもらった。まだまだ昔の目線が残っていると感じることも多いけれど、今は、阿蘇はきれいで素敵なところだといわれることが誇らしい。

今後はヒロインズで関わってきた次世代育成事業「リトルファーマーズ養成塾」の経験を私なりに継続していきたい。組織キャンプを主としてきた私はリトルファーマーズの「参加者の子どもたちが考え、大人がそれに合わせる」ということがすごく新鮮だった。この経験を通して、「子どもの想像力に対応できるだけの経験を必要とされている」と感じた。子どもの無限の可能性を想像することは、無限の偉大さを持つ自然を相手にしているのと同じ感覚だった。

知らないことが恥ずかしいのではなく、「知ろうとしないこと」が問題なんだという言葉を身に染みて感じている。やっとスタートラインに立った気分だ。

第1部

Yae／藤本八恵

（ふじもと　やえ）

千葉県鴨川市

農場名：鴨川自然王国
生産物：水稲、野菜（主に地大豆、麦など多品目栽培、年間約40品種）
同居家族：夫、子供3人（13歳♂、11歳♂、5歳♀）の5人家族

耕す女《ひと》⑨

父が築いた農園と母が拓いた歌の世界
どちらも継いだ半農半歌手という生き方

Ｙａｅ（藤本 八恵）

「生きること」は「食べること」。

あたりまえだけど、めちゃくちゃ大事なこと。

闘病中、がんの治療で食べられなくなった父が、とたんに痩せて「死」に向かっていくのがわかった。そうか！　人は食べなきゃ生きてはいけない。

２００２年の夏、父はこの世を去ったけれど、父が残してくれたものはお金よりも何よりも大事なものだった。

農園と暮らしていくための小さな家。

美しい里山の風景と、緑がいっぱいの気持ちの良い空間。

おいしい山の湧き水、などなど数え上げたらきりがない。

家族で農的暮らしがしたい！　それを何よりも望んでいた父が叶えられなかったことを、今まさに私は実践している。きっと今頃、雲の上からしめしめと、さぞや喜んでいるに違いない。

3人の子供と5人家族で小さな家族農業を営んでいる。米はもちろんのこと、食べたい野菜を年間30~40種類栽培しながら、半分自給を目指している。いろんな人と関わりながら生きていきたいから、半分でいいんです!

そして何よりも楽しみたい。たくさん作ったら楽しめないし、今度はたくさん売らなきゃならなくなる。歌も農業も同じ。売るための音楽を作らなくちゃいけなくて、やりたくないことまでやる羽目に。世の中に逆行するようだけど、小さくがいいんです!

それから、なんでも答えを出さなくていいということ。どうも世の中は白か黒かつけたがるような気がする。白でも黒でもない、自分を主張すればいいんです。理屈なんていらない。野菜にも虫にも動物たちにも、理屈なんてない。ただただ生きるために一生懸命食べている。

もっともっとシンプルに、そして必ず「楽しい」を基軸にしてやっていると、自ずと進む方向も見えてきたり、それも自由に変えてみたり。「楽しい=正しい」は、そうかも! って思えてしまう。

とはいえ、3人の子育てでいっぱいいっぱい。住んでいるのが山の奥なので、学校や幼稚園への送り迎えが必要。長男の部活動が始まって全員の下校時間はバラバラ。主人とタッグを組んで、なんとか乗り越える日々。

歌手の仕事もコンスタントに入って来て、月に1度は仕事で旅も。居間に貼ってあるカレンダーは家族共通の予定表、どちらが先に予定を書き込むかで決まるので、まるで争奪戦のよう。それでもやりたいことに溢れていると、自然と力も湧いてくる。それに私にとって歌うことは息抜きでもある。

地域との付き合いも、主人は消防団や青年会、農家組合、集落の組長（これは輪番制）などなど。私も子供のＰＴＡや育成会（過去に何度も会の役員を経験、どれだけ子供が少ないのかがわかる）、地域の子育てサークルに参加したり、公民館のお手伝いなどなど。何もない日がない！　忙しい世代だとわかってはいるが…。でもこの暮らしの良いところは、夜になればお父さんは必ず帰ってきて、家族が揃って夕ご飯を食べることができる、会話もできていると思う。農家の特権かな。

ここ自然王国に移住したのは２００５年頃のこと、この畑で出会った彼とスピード婚したのが２００５年の夏だった。大都会から里山へ。ここでなら「未来」を描けるかもしれないと直感的に思った。

夏の暑い中太陽をいっぱい浴びて、草取りに専念していると、なんとも言えない無の境地。今まで着込んできた服をすっぽりと脱いでしまったような快感に。ふと気がつくとキレイになった畑が目の前に。

薪のサウナで体の中からデトックス、手作りビールと自分でさばいたジビエのチャーシュー、採取しかしてない山菜のてんぷらをつまみに乾杯！　満天の星の下で焚き火を囲んでゆっくり時間を過ごしていれば、悩みなんてどこへやら。

2009年からカフェの営業もスタート。訪れてくれる人たちが、ああ幸せ～って思ってくれるだけで王国の存在価値があると思う。ここにあるのは、ものじゃなく最高の時間と空間。

田舎を捨てて都会に出て行った若者たちの時代があった。でもこれからは都会を捨てて田舎へ向かう若者が増えている？ そんな若者たちを増やしていきたい。田舎にこそ最先端があった！ なんてね。

災害も経済破綻も戦争⁉ も何が起こるかわからないこの時代に、その不安を解消してくれるのはこんな生き方なのかもしれない。何よりも食べるもの、水、そしてエネルギーの自給ができればとても強いと思う。

そんな現場でがんばっている、ヒロインズのみんなに心からのエールを送りたい。

藤本八恵について

故藤本敏夫を父に加藤登紀子を母にもち、どちらも継いだ半農半歌手という生き方で家族と共に里山「鴨川自然王国」で農を取り入れたスローライフを送っている。現在、ラジオやライブを中心に活躍中。国内外から、社会貢献の支援やイベントなどのパフォーマンスも行っている。環境省「森里川海プロジェクト」アンバサダーとして活動。福島県飯舘村の親善大使も務める。

第1部

北澤 美雪
（きたざわ　みゆき）

長野県須坂市

農場名：（株）北信ファーム
生産物：果樹（りんご・桃・ぶどう・杏）
同居家族：夫、子供4人（10歳♂、7歳♀、6歳♀、1歳♀）の6人家族

耕す女《ひと》 ⑩

農業が果たす多面的機能

北澤 美雪

２０１０年当時、私は夫と1歳になる息子と３人で横浜の社宅に暮らしていた。平日はママ友たちと近所の公園で遊び、週末は家族で海辺を散歩するのが日課。社宅の期限が迫ってきたことから、郊外の一軒家を探し始めていた時期でもあった。

何でもないそんな普通な日常が幸せだったのだと感じることができたのは、年が明けて春の芽吹きを感じ始めた3月11日のことだった。２万人以上の尊い命を奪い、今もなお多くの方が住む場所を奪われている、東日本大震災。電気、ガス、水、石油、空気、それまで当たり前と思っていたモノが、一日にして貴重な存在だと感じるようになった。

幸いにして夫は、職場から数時間かけて徒歩で帰宅できたが、都心から放射線状に伸びる街道沿いには、革靴やハイヒールで歩く人の列が一晩中途絶えなかった。便利だと思って都会に移り住んだはずなのに、その便利さが諸刃の剣だったことに突然気付かされた。

それからというもの、家探しは止めて、夫は地方への移住を真剣に考えるようになった。私は東京の大学を卒業した後、地元に戻りOLとして10年生活していたし、夫の定年後は田舎に戻ろうかと漠然と描いていたので、地方への移住は少し時期が早まっただけと、反対はしなかった。施設が整った都会での子育ても楽しかったが、自分が育った自然豊富な田舎での子育てに魅力を感じてもいた。

夫は、地方への移住のために、それまで勤めていた銀行を辞める決心をした。震災で突然帰らぬ命となった多くの人々のことを思うと、定年までは待てなかったようだ。そして、独立して農業をやる、と言い出した。私は、驚きこそすれ、これにも反対はしなかった。そもそもサラリーマン世帯に育った私にとって、農業自体に具体的なイメージが湧かなかったこともあるが、子育てを中心とした生活の環境がよくなるのでは、と期待したし、何よりも夫がやりたいことをすることが家族にとって一番よいことだと思ったからだ。

２０１２年２月、お互いの出身地である長野県の北信地域に移住し、２年ほど地元の農業法人で業界慣習などを学んだ後、２０１４年７月に株式会社北信ファームを設立。その間２人の娘に恵まれ、家族は５人に増えた。

１年目は、とにかく栽培の技術を学んだ。３人の子供を育てていく上で、時間的にも経済的にも猶予はなかった。周辺の世話の行き届いた畑を探しては、先輩農家の方々に直接栽培指導をお願いして歩き、季節を通して栽培方法を教えてもらった。

農地を確保することには大変苦労した。耕作放棄地や後継者不足が問題となっているが、実際に私たちのような移住した新規就農者に紹介されるような果樹園地は非常に限られていたからだ。農地に関しても、技術同様、実際に地域を歩いて貸してくれそうな畑の情報を集め、オーナーのお宅に伺ってお願いすることで、徐々に規模を拡大してきた。現在就農5年目、経済主体としてはまだまだ未熟だが、社会的課題の解決に向けて全力で農業に取り組んでいる。

地方移住の大きな理由として子育ての環境があるのは、前にも述べたが、昨年初めには4人目の子供も授かり、6人家族となった。株式会社とはいっても、日常的には夫と私の2人ですべての業務を行っているのが実情で、経営は小規模。春の開花からしばらくは、日の出とともに畑に出て、朝食前にいったん帰宅、子供たちを見送ってまた畑で作業をし、今度は赤ん坊を背負ってまた畑仕事。昼食後も日暮れまで作業して、ようやく家事育児。否が応でも、子供たちのお手伝いが必要になってくる。畑仕事もそうだが、定期的に開催しているマルシェでも、子供たち自身それぞれの役割を担っていて、大切な労力であることは否めない。貴重な労働力である一方、私はこのお手伝い的な労働は、子供にとって、非常に意義のあることだとも思っている。畑での作業そのものが、五感で自然を感じる活動であり、汗を流したり、痛みを感じたり、時にはケガをすることもあるが、肉体的に成長していく過程で大切な役割を果たしていると考えているからだ。

また、長期にわたって植物を育てるには、計画的に戦略を持って取り組まなければならず、粘り強さが必要となってくるし、自作した農作物を直接消費者に購入してもらうには、豊富な表現力が求められる。時には、畑仕事や販売に関する質問の答えに困ったり、大人の常識や視点からでは気付かない提案に、私たち大人が子供たちから学ぶなんていうことも少なくない。

昨年は、地元の小学生が年間を通じてりんごを栽培するという社会授業を行った。春の摘花作業に始まり、夏の草刈り、秋の収穫作業まで、忙しい時は連日作業を行うなど、農業体験というレベルをはるかに超えて、実際にりんご作りに取り組んだ。私も、敢えてその圃場の作業のほとんどを、子供たちに任せた。そして最終的に収穫したりんごは、親も参加しての調理実習として、ジュースやジャムやパンなどに加工して、みんなで自然の恵みを分かち合った。小学校のシリーズ授業という形での農作業だったが、その時の子供たちとは、今でも道すがらにコミュニケーションを取るし、放課後に畑に手伝いに来てくれたりもする。自然の中で、同じ目的に向かって体を動かしてきたことが、お互いの親近感や一体感を強め、ひいては地域の治安秩序の安定や文化の醸成にも繋がってきたのだと実感している。

私は自己紹介で『百姓』という言葉をよく用いる。古くからの農耕社会の中で百の仕事をする人と解す、いわば何でも屋的な存在だ。実際、農業をやっていると、どこからが農業でどこまでが農業なのかわからないし、それぞれの段階でそれぞれの課題が浮かび上がってくる。

弊社では、りんごを中心とした果樹の栽培をしているが、合理的な栽培には、ある程度の機械設備が必要となってくる。運転技術はもちろん、設備を維持管理するための機械的な知識も必要になってくる。

また、収穫した農作物は販売しなければ事業として成り立たない。弊社では、既存の流通ルートへの卸売業は行っておらず、収穫した農作物はすべて消費者に直接提供している。新鮮な農作物を一人でも多くの方に召し上がっていただきたいからだ。また、私たち生産圃場と消費者との距離を縮め、立場の違う者同士が理解しあうことが、これからの多様性社会に必要だと感じているからでもある。そのためにも、販売に関する営業などの知識に加え、会社組織のマネージメント力や法令などの経営環境に関する知識も、事業主として重要な要素だと思う。

以上のような簡単な例からもわかるように、農業を中心とした社会は、すそ野が広くさまざまな産業構造社会を生み出す。実際に、果樹栽培が盛んな私の住んでいる地域には、それに関わる企業組織が数多く存在している。農業が町づくりに非常に重要な役割を果たしてきたことを裏付けている。その反面、農業が政争の具として利用されたのも事実で、さまざまな規制の元に制約を受けており、グローバル化、IT化、少子高齢化等々、農業を取り巻く環境が非常に速いスピードで変化する今日、農村的社会秩序が市場経済に追い付けずに、機能不全に陥っている側面もある。これは、私たちの地域に限ったことではないと思う。

私も夫も、前職は銀行員だ。業種を問わず、さまざまな立場の方と一緒に仕事ができ、それぞれの特性や商慣習を経験した。成功している起業家、またその逆の方々から、いろいろなことを学ばせていただいた。そういったことも踏まえて、私は、これからの社会課題を解決する成長産業として農業の可能性を強く信じている。子育てや小学校の授業を通じて感じた人づくりからの街づくり、それを経済的な側面から支える地方の重要な産業としての農業。私は、そんな自立した農業で社会的な役割を果たしていきたいと考えている。

第1部

長田 奈津子
（ながた　なつこ）

福井県あわら市

農場名：長田農園
生産物：野菜（メロン・スイカ・トマト・加工用大根・人参）、水稲
同居家族：夫、子供2人（9歳♀、7歳♀）、義父母の6人家族

家族と一緒に台所に立ち、家族と一緒に食事をとる幸せ

長田 奈津子

今でも鮮明に覚えている。

夫と一緒にお昼休みをとるために家に戻ってきたら、夫は座り込んで新聞を読み始めた。私は義母と一緒にお昼ご飯の支度をしにかかった。ご飯を済ませたあと夫に開口一番、「なんで新聞なんか読んでるの？」とぶちまけ、「私はあなたの家政婦になるために結婚したわけではない、家政婦がほしいなら雇いなさい、私は出ていく」と言った。ハトが豆鉄砲を食ったようとはこのことか、と思うくらい夫はぽかんとした顔をしていた。

東京で生まれ育ちサラリーマン家庭で育った私は農業とは無縁の生活をしていたが、就職してからは、デスクワークの仕事が続かず辞めてしまった。

そのころ沖縄に行った友人を訪ね和牛の繁殖農家の手伝いをするうちに、畜産の仕事の面白さに目覚め、インターネットで福井県の女性で人工授精師の資格を持ち自ら種付けして牛の出産に立ち会うという人を見つけて訪ねたのが、「田舎のヒロインわくわくネットワーク」の山崎洋子さんと

の出会いだった。

十数年前の沖縄では畜舎に入るのは男の仕事という雰囲気で、よそ者、しかも女が牛飼いの手伝いをしていること自体、好奇の目で見られたので、ここで畜産の仕事をするのは難しいと思って福井県を訪れたわけだが、農業のことをまるで知らず、世間知らずで飛び込んできた私を迎え入れてくれた山崎夫妻の温かさに甘え、ヒロインのメンバーの方たちの元へ農業研修という名の修行の旅に出た。

何人ものヒロインのもとへ連絡を取っては数週間から数ヶ月滞在させてもらって、仕事を教えてもらいながら、どんな信念を持って仕事に取り組んでいるかを間近で見てきて、それでも迷ったときは福井へ戻り、また飛び出すということを繰り返して1年ほど経った。

そのころ福井には私と同世代でいろんな仕事をしている面白い女性がたくさんいたから、もし農業をするなら福井でやりたいという思いを漠然と抱いていた。だが、畜産をするなら、農地の確保、牛、畜舎などはどうするかと現実を突きつけられて、まず自分1人でできそうな畑をしてみることにした。

基礎的なことを学ぶため、研修施設で1年間、農業の研修をし、新規就農を目指していたところ、農家の里親として登録されていた長田農園を紹介され、そこで運命の出会いを果たした。農園の後継者が、現在の夫となる人であった。それまで、やるなら1人で、と頑なに思い込んでいた私に、農地、北陸特有の気候、施設園芸のことなど、年が1つしか違わない彼が丁寧に教えてくれるようになると、この人と一緒にやってみたい、でもまずは自力で、でもこの人となら、と迷うようになり、絶対に結婚なんかするものかと思っていた私の気持ちが、しばらくすると結婚して一緒にやっていこう、と動いた。まず彼の元で研修生として1年ほど自分のやりたかったアスパラガスの栽培をし、結婚が決まり、農家の嫁となった。

それまで私は各地で研修し、技術も知識もないのに押しかけて手間をとらせるのだから、仕事以外のこともなんでもやるのが当たり前だと思っていた。そのまま長田農園でも研修生としてやっていたが、結婚してパートナーとなり、自分の担当する野菜を栽培しながら夫たちの手伝いもするようになってから、違和感が大きくなっていた。現在は妻であり自分の仕事をしているのに、仕事は時間がきたら代わるから家のことをしろと義父に言われ、夫と一緒に仕事をして家に戻ってみると、私は義母と台所へ立ち、夫と義父は食事を待つのだ。ついさっきまで一緒に仕事をしていたのに。

そしてとうとう、あなたの家政婦になるために云々、の話になったのだ。福井は家父長制度が根強く残る地域だが共働きナンバーワンを誇り、女性は大変働き者だ。蓋を開けてみれば、家事育児をすべてこなして働く女性が多い、ということであった。性別だけで役割が自動的に決まるのだ。若い世代ではだいぶ変わってきているようだ。変わっていってほしい。

私の実家では母は専業主婦で、父は女に働かせるなんて甲斐性なしだという価値観であったので、

「共働き」であるということは、女にも自分の意志で働く権利があり、社会を構成する1人の人間として尊重される、ということは男も家事育児を共同でやるものだ、と思っていた。

なので、夫に、「ご両親を見てその通りにやるものだと思うだろうが、私は残念ながら異郷の人間でその価値観はない、そちらも私の考えを尊重するべきではなかろうか？」という話を努めて冷静に話したつもりだが、実際にはものすごい剣幕だったのだろう。翌日から夫は私が食事の支度をしている間、席に座ることがなくなり、一緒に食事を作り始め、時間があれば自分が作って用意するようになった。

そんな夫の姿を見ていて、実家での食事風景を思い出した。母は私が小学校を卒業するころから、父は嫌がったがパートを始めた。今思えば母は子どもが手を離れ社会から取り残されていく気がしたのだろうが、そのときから私は鍵っ子で、中学に上がってから朝食以外は孤食になっていた。両親の不和がうっとうしいと思うばかりで、そのときはさびしいという気持ちはなかった。生活時間を合わせず、ただただだやり過ごしていた。そして、結婚などしないでひとり気ままに生きていこうと思っていたのだった。まさか一緒に仕事をするようになるとは、相手のために食事を用意する関係をもてるようになるとは、人生何が起きるかわからない。

そして妊娠、出産、育児など人生の大きな節目を迎えるたびに、夫は私と一緒になって体験するようになっていた。順調だった妊娠期間からいざ出産となったとき、赤ちゃんの心音が乱れているということで急きょ帝王切開を迎えた私はパニックになったが、夫は手術の同意書に署名し、無事出産したあとの入院期間も毎日様子を見に来た。母乳をうまく飲ませられなくて鬱になりかけたとき、毎日の夜泣きに疲れ果てた私に代わりミルクを飲ませて、仕事で疲れていても私たちのそばにいた。ようやく落ち着いてきたころ、仕事のことを気にする私にどうしたいかを尋ね、仕事もできる範囲でやっていきたい私の思いを汲んでくれた。物覚えが悪く、物忘れが激しい私は現場から離れることが怖かった。農業への情熱が途切れてしまうのではないか、せっかく身についてきた感覚がなくなってしまうのではないかという不安も、できる仕事をすることで払拭できた。

　結婚したとき、農業では家族経営協定というものを結び、家族それぞれがどんな役割を担うのか明文化するのだが、子どもができたことでより具体的に役割分担について考えるようになった。夫は家族から愛されて育ってきて、自分から何も言わずにいても何かあったら回りが動いてくれる環境にいた。それに対し私は農業をやりたいと思って動き始めたことで、自分が何をしたいのかを明らかにして相手に言わなければ伝わらないことを知った。だから、私は彼がどうしたいのかを聞き出し仕事も家庭もどうやったらうまく回るのか、一緒に考えるようになった。農業は自然相手だから、どうにもならないことがある。でも、自分は、人は、変わることができる。

　現在、仕事は力仕事でもなんでもやりたいことをやるようになった。言いたいことを言い、夫は少し言い返すようになったろうか。孤独な時間の記憶は薄れてきた。

役割分担や違和感に悩むときは、「おかしい」と言って向き合っていきたい。そして、家族みんなで食事の準備をして一緒に「いただきます」を言う。自分たちで作ったお米や野菜が食卓に並ぶ。これからも家族みんなで食事をとり、日々の幸せを味わいたい。そして子どもたちがパートナーを見つけたとき、私たちが農村の新しい夫婦の形としてあり、そんな形もいいなと思ってくれたらとひそかに思う。

第1部

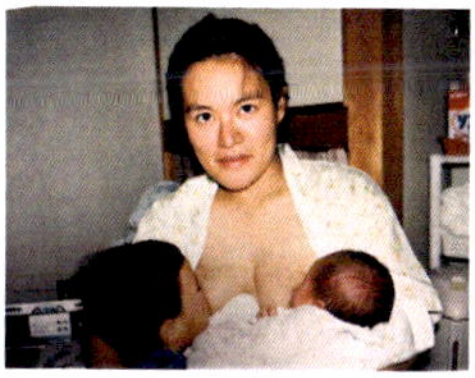

稲澤エリナ
（いなざわ　えりな）

福井県坂井市

農場名：なばたけ農場
生産物：水稲、大豆、小麦、大麦および加工品
同居家族：夫、子供5人（17歳♂、15歳♂、13歳♂、11歳♂、7歳♀）の7人家族

耕す女《ひと》 ⑫

ファーマーの夫と命の誕生の場に寄り添う助産師のコラボレーション

稲澤 エリナ

この春から17年ぶりにお産の現場に立っている。

お産のにおい、暗くした室内で圧を感じながら腰をさする手の動き、産婦の痛みをやわらげる深く長い呼吸と痛みでもれる声、胎盤と赤ちゃんをつなぐ臍帯のねじれ具合、胎盤の何とも言えない神秘的な薄い蒼い色、指先を目にして子宮口の固さ・開き具合・児頭のさがり具合を感じる内診、「あー帰ってきた」と感じる。

そう、私はお産が大好き。産むこともお産に立ち会うことの両方ともが。自分は7回妊娠し、そのうち5回がお産に至った。とくに印象に残っているのは4番目のお産だ。助産院のお風呂でろうそくの灯の中での水中出産だった。主人と上の子たちが見守る中、頭がグングン産道を押し広げておりてくる。パンッと破水してから3回目の陣痛で大きな頭が股に挟まる。チリチリした傷みが懐かしい。あーこれこれと思っている間に、身体がぐーっと伸びて出てきた。「へその緒が首に巻いている」。両手を股のところに伸ばしへその緒のからまりを取ると「ふわぁー」と四男はお湯の中を浮いてきた。へその緒をつけた息子を抱き上げるとともに、感情が一気にあふれ出てきた。とても気持ちのよいお産だった。

生理痛で悩んだ中学生時代、水中出産をしたいと思った高校生の時、それを介助する人が助産師と知り、助産師になると決めた。

それから、女性の身体、出産、助産婦、生理痛をキーワードに本を読んでいく中で、妊娠中に赤ちゃんを育てていくのも、授乳期も、食べ物から身体はできていることをあらためて知ることになる。けれど、肝心な食べ物が作られているところを知らず、その現場に行ってみたくなった。

たまたま19歳の春にNHKラジオから流れてきた、福井県でおけら牧場を営む山崎洋子・一之夫妻のインタビューを耳にした。はつらつと農の現場を語る夫妻の言葉に惹きつけられた。その翌年訪れることができたのだが、山が連なり、空が広く、青々と田んぼが広がり、小鳥がさえずり、勢いよく水の流れる川があり、田舎の持つ何とも言えない解放感がここちよかった。

その数年後、おけら牧場で今の主人に出会うこととなる。

すべてを便利にするよりは、ちょっと不便な生活の方が工夫の面白さがあり、知恵と体を使うことが好きな私は、ここでの生活がちょうどよいと感じている。点と点がつながり線になるのを見ることができる。例えば、先祖が植えていた家の防風林を切る、薪にする、風呂や薪ストーブ、石窯に使う、出てきた灰は畑に返すという一連の流れが生まれる。今までの生活で、点で終わっていたものがつながる面白さが田舎・農の現場にはたくさんあった。

農場では、主に主人が一人で土づくり、種蒔き、収穫作業を行っている。病院勤務と地域での産後のおっぱいケアなどの助産師活動が増えたので、私は商品と一緒に同梱する新聞の作成やラベル作成、新しい加工品の準備、販路開拓を担当している。農場オリジナルの麦茶や玄米珈琲ができたのも、農業に携わっていなかった視点があるのが強みだとも思っている。

例えば最近では大麦を精麦した「若宮麦子」という新商品が完成した。商品名を○○麦ではなくあえて人名にした。それは家族の一員に混ぜてほしいという思いと、「この名前何!?」と思わせ印象に残るものにしたいという考えからだ。若宮麦子の苗字は、私たちの住む集落の名前「若宮」をPRする意味で選んだ。農業が可能性のある職業であることの発信手段の一つとするために、若宮麦子は100の名前の候補から選んだのだが、それは当たり、今では「麦子さんがおいしい」「麦子を連れて帰りたい」と言われている。

4年前から地域で産後の母子が集ってしゃべれる場を月2回、開催している。お産をすると、産後一日目からでも周りから「お母さん」と呼ばれる。お母さんといっても新米だし、わからないこともいっぱいある。子育ては、思っている通りに進むことは少なく、そのギャップに悩むことも多い。仕事に行く夫を見送り、一人子どもと向き合う人も少なくない。楽しいばかりでなく、日々自問自答の修行のような日々だったりする。子ども時代、つらい記憶に蓋をして忘れたつもりでいた人は、自身の子育てがきっかけでその蓋が開いてしまう人もいる。どう生きてきたかで、子育てのスタートもみな違う。

子どもは、未来を生きていく人である。そんな未来を育てる母たちが、息詰まって前が見えないということは、未来が見えないことになる。子育ては子にとっても母にとっても一人で抱えこんでいていいことはない。夫婦で、家族で、地域で、隣人と気の合う仲間と協力し合って過ごしたい。そのための場所の提供を、助産師として、農場があるからできることも提案していきたい。母歴は、子どもの年齢と同じ。わからなくても、迷っても当然、手と目を使って感じ考えればいいのである。

また、全員が全員そうではないが、ヒロインズのメンバーがこんなにも子持ちが多いのは、風や空気、星空、陽の光を浴び、大地を相手にしている開放的な身体と心、適度な運動のできる仕事、農業が家族で関わり会話の多い日常、営農目標として同じ方向を向く同志であること、尊敬できる関係であることが大きく関係していると感じている。反対に外に仕事に行き、拘束されながら働くサラリーマン夫婦はともにそれぞれの仕事に忙しく週末しか夫婦関係を築くチャンスのないことが、さまざまに影響しているとも考えられる。夫婦関係は子育てをしていく環境にもそのまま直結していく。

広い空の下、静かな環境の中、もくもくと土に向かえ、子も遊ばせられる。そんな受け止めてくれる土台が農業にはある。私はこれからもこの場所でめいっぱい生きていくだろう。新しい環境、子育て、きれいに生きるというよりぐちゃぐちゃになりながら、幅が出ておもしろく、深みのある人間になりそうだ。

第1部

宮崎 悦子
（みやざき　えつこ）

熊本県氷川町

農場名：ミヤザキファーム
生産物：ミニトマト、カラフルトマト、メロン
同居家族：夫、子供1人（0歳♂）、義父母、義祖父母の7人家族

元帰国子女OL、農家の嫁になる

宮崎　悦子

1歳から14歳までをドイツとイタリアで過ごして、パリコレに使われるような生地を扱う商社でOLとして働いていた私が、トマト農家の嫁になるなんて誰が想像しただろう。でも私は胸を張ってこの選択をした自分を誇りに思うし、親子3代続く農家の長男として生まれ、私みたいに自由奔放な嫁を受け入れてくれた相方さん、そしてご家族にとても感謝している。学生時代からの友人の多くは都会で、1人でバリバリとキャリアを積みながら頑張っていたり、結婚している友人は共働きで家庭を築きながら仕事、家事、育児に励んでいる。そして、私自身もいつか周りと同じような生き方をするものと思っていた。

でも東日本大震災が自分の人生を見直す大きなきっかけとなった。阪神淡路大震災の時もイタリアに住んでいた私にとっては、東日本大震災が日本にいて初めての大地震となった。幸いにも私は家族や親戚を含め、なんの被害もなかったけれど、連日ニュースで流れる被害の映像や福島第一原発事故後の政府の対応などを目にする中で「このままの生き方をしていていいのか？」という疑問が日に日に大きくなっていった。そんな疑問の答えを探すように、ＯＬの仕事を辞めてワーキングホリデービザでベルリンに行ってみたものの、ビザが下りずにたった15か月で帰国。今度はまた商社で海外営業として働きながら「世界中どこでもできる仕事をしよう！」と意気込んでライター養成講座に通ったり。今思えば長い長い「自分探し」的な時間を過ごしていた。

そして齢《よわい》29歳、たまたま見たドキュメンタリー番組で特集されていたのが田舎のヒロインズ理事長の大津愛梨さん（以下、Ｅｒｉさん）だった。ドイツ生まれ東京育ち。大学卒業後に夫婦でドイツで勉強したＥｒｉさんの言葉は、ドイツで長く幼少期を過ごした私にとって共感できるものが多く、見終わった瞬間「とにかく会って話がしたい！」と強く思った。ちょうどその頃、ライター養成講座の最後の課題も「知らない人にインタビューして記事を書く」というもので、Ｅｒｉさんをはじめ、大津家の人々にインタビューできると勝手に意気込んでいた最中、熊本地震が起こった。しかもニュースで見る限り、南阿蘇村の被害は甚大で、一度は諦めかけたけれども勇気を出してメッセージを送ったら、「震災で田植えが遅れているから手伝ってくれるなら」と二つ返事でＯＫしてもらえた。

震災の爪痕がまだ残る5月13日、私は縁もゆかりもない熊本県に降り立った。先に結果から言うと、私はその年の10月には商社での海外営業という仕事を辞め、南阿蘇村に移住して田舎のヒロインズの事務局担当となった。そのきっかけを作ってくれたのはＥｒｉさんはもちろん、３日間という短い滞在の中で目にした大津家の農家としての生活そのものだった。地震直後でもお米農家、そして農村に暮らしているからこそ食べる物に困らず、水源も豊富で、なにより家族みんなが一緒にいて、災害があっても例年通り田植えをする。その「佇まい」が私にはとても新鮮でありながらどこか懐かしく、自分が漠然と抱いていた「これからの生き方」についての1つの答えを見られた気がした。それから2ヶ月、安定した職を捨てて居酒屋もデパートもない南阿蘇村に移住することを決意した。

初めての田舎暮らしに、まったく未経験のNPOの事務局という仕事は、簡単ではなく、ホームシックになったこともちろんあったけれど、生活自体には意外とすんなり馴染むことができた。それは新鮮な空気や美味しいお水、毎日景色の変わる広大な阿蘇五岳や、ご近所さんや知り合いが持ってきてくれる農産物など、都会ではいくらお金を払っても手に入らないもので生活がいっぱいになったからだ。学生時代から販売員として働き、ずっとアパレル業界にいた私はシーズンごとに新作の洋服を買って、派手な飲み会に参加し、いわゆる「消費活動」に多くの時間を使っていた。でもそんな生活から一変、田舎での生活は自然や食べ物、身近なモノや人から「享受」をすることで、1日の終わりにただただ感謝の気持ちで胸がいっぱいになり、物欲も所有欲も気づいたらなくなっていた。季節の移ろいを感じられる山々や稲が織りなす美しい景観、伸び伸びと育っているあか牛などを見ている方が、デパートで今年のトレンドをチェックするよりずっと自分の中の「幸福度」が高くなった。

そして意外だったのが田舎暮らしのおかげで「世界中どこでも働ける」という夢に1歩近付けたことだった。田舎で暮らすまでは「世界で通用する能力」は「英語」だったり、場所を問わない「仕事」だと思っていた。しかし価値観も多様化し、一般人が月に旅をする時代が訪れようとしている今、必要な能力は「ブレない自分」を持つことだと感じている。好奇心旺盛な性格のおかげで、この2年間、田舎だからこそできることをたくさん体験した。田植えに始まり、お正月用のお餅をみんなで丸めたり、野草を使って料理をしたり、合鴨やイノシシを捌き、遂には狩猟免許まで取得した。会社と家の往復だけの生活では使っていなかった自分の身体と五感をフルに活用した体験の連続だった。そしてそんな体験を経て培われていく研ぎ澄まされた自分の感覚が、紛れもない今の「私」を作っている。ベルリンに住んでいた時、地元のスタートアップ企業で世界中から集まった仲間と一緒に仕事をしていた。でも英語が話せたところでただなんとなく人生を歩んでいた私にとって、自己主張をしないと生きていけない職場はとても辛かった。でも今なら田舎暮らしを始めてから積み重ねてきた〝私事《しごと》〟の中から、世界に向けて発信できることがあるのが大きな自信に繋がっている。

農業とは縁遠い生活だったけれど、ヨーロッパで育ったため、幼少期から両親に連れられて個人商店がたくさん集まるマーケットによく出かけていた。野菜はもちろん、お肉やお魚、お花までマーケットに行く度に両手いっぱい買い物をしていた記憶がある。それは日本に帰ってからも変わらず、移住するまでは母と一緒に週に一度は今も活気の残る神戸の湊川商店街で新鮮な魚介類や、職人さんが作る練り物などを購入していた。そんな食育のおかげで自然と食に対しての興味が昔から高く、田舎のヒロインズとの出会いは必然だったのだと思える。まだまだ農家の嫁としては新米で、即戦力でもなんでもないけれど少しずつ仕事を手伝う中で、農家の嫁としての洗礼を受けている。トマトの出荷に行けば「もう体調大丈夫ね？　実家帰ってたんでしょ？」と知らないおばさまがボディタッチしながら話しかけてくる。かと思ったら「ここぶどうって書いてあるでしょ？」と道の駅の縄張り戦争に巻き込まれたりもする。農家の嫁には高いコミュニケーション能力が必要である。

　そんな大仕事もあれば、夏のメロンと一緒に送るハガキのデザインを考えたり、大手結婚情報サービスを提供するゼクシィとのコラボレーションで、トマトを使った引き出物を相方さんと考えたりする日もある。新婚の私たちにはうってつけの企画で、なにより大手企業の営業さんやデザイナーさんと一緒の打ち合わせは刺激的で企画力や提案力などが高められる。農家といえば畑で農作業ばかりをしているイメージが強いが、実は農業は自分たち次第でいくらでもクリエイティブなことができる。

　でも農業という仕事で私が一番良いと思ったのは「家族が近くにいられること」。農家を継がなくてもいい、と育てられた私の相方はきっとお義父さんやお義母さんが懸命に働く背中を見て、農家を継いだのだろう。私はそんな温かな家族に迎えられ、研修生やおじいちゃん、おばあちゃんと一緒にお昼ご飯を食べたりする。毎度の食事を作っているのは81歳になる心身共にとても元気なおばあちゃんが中心である。

「そんなの煩わしい」と思う人もきっといるかもしれない。でも「家族が一緒にいられる時間が長い」ということはシンプルに大切なことではないだろうか。そしてもう二度と地震は起きてほしくないけれど、地震だけでなく台風など年々自然災害が増えている状況下では「ただ家族がそばにいる」、それだけでも私自身は大きなリスクヘッジになると考えている。そして自分の両親や親戚が都会にしかいない私にとって、初めて故郷という場所ができたことで、新鮮な野菜を送ったりすることはもちろん、南海トラフなどが起きた場合のことを考えれば私1人でも田舎にいることがまたレジリエンスへと繋がる。

そんな田舎生活にどっぷりハマった今、私はもう都会で生活するのは無理かもしれない。それは決して都会で生活することを否定したいのではない。けれど、都会でバリバリ働いて、結婚したら共働きで、子供が生まれたら保育園争奪宣戦に参加をし、家庭を築いている友人をたくさん目にしている中で、世の中にはそれ以外にも選択肢があるということを知ってほしい。満員電車に揺られることなく自然いっぱいの環境で仕事をし、みんなで協力しながら子育てや家事をする。時代にそぐわない、できない、私には向いていない、そう思う人もたくさんいるかもしれない。でももしシンプルに、美味しい食事をしたり、将来は自然の中で過ごしたい、伸び伸び子育てをしたいという想いがあるなら、都会を離れるという選択肢も考え得るのではないだろうか。農業以外にも今はインターネットがあればどこでも仕事もできるし、地方に行けば英語が話せるだけでも仕事の幅も広がる。なにより、「都会で出会いがない」と言っているいわゆる子育て世代の女性に朗報なのは、農林水産省の今年の調査資料によると、農業・農村地帯における20代の男性の割合は僅かだが増えていることに対して、子育て世代女性はガクンと右肩下がり。超売り手市場である。

　私自身も新婚ホヤホヤ、新米農家の嫁でこれからなにがあるかは分からない。でも田舎で暮らして、農家の嫁として家庭を築いていく中で昔のような「漠然とした将来への不安」はなくなったし、なにより「なんとかなる」と思えるようになってきた。それは自分の中でお金では買えない自分の「幸せの基準」をこの生活の中で見いだすことができてきたからだろう。人生１００年時代と言われている今。これからもきっと世界は目まぐるしく変化していくし、新しい仕事や価値観もどんどん出てくる。田舎や地方で生活すること、農を営むことは一見そんな時代と逆行しているように見えるかもしれない。でもこの世界を知った今、「人間」を司る上で欠かせない「食べ物」を自分たちで作って売ることのできるクラフトマンシップに溢れ、クリエイティブなこの暮らしこそ時代に合った生き方かもしれない。

　私の相方が「みんな農家とか大変だね、って言うけど大体3代くらい辿れば元農家の方が圧倒的に多いし、親戚とかも絶対農家とかいるんだよ」と言う。海外育ちでファッション大好き人間でも「なんか違う」の感覚1つでなんとかここまで来た。興味はあるけど、不安な人も大丈夫。田舎のヒロインズにはこの本に登場しているように本当に頼りになる先輩がたくさんいる。田舎のヒロインズ、（後に続く＝）フォロワー絶賛募集中！

第2部

耕す女《ひと》の仲間たち

「耕す女《ひと》」たち自身によるたゆまぬ努力は、それをさまざまな角度や立場から支えてくれる仲間たちによって可能となっている。そんな多様で多彩な仲間たちからの温かいメッセージや社会に向けた投げかけをお届けしたい。

30年を経た農業の多面的機能という概念

（一社）日本協同組合連携機構　和泉 真理

今でこそ、日本の農業関係者は当たり前のように「農業の多面的機能」という用語を用い、その意義を主張するが、30年前に日本の農業界にそのようなコンセプトは存在していなかった。農業とは食料など農産物を生産する業であり、農業政策は農業生産活動に対して向けられていた。

私は、その当時の日本に、農業の多面的機能という概念をヨーロッパから持ち込んだ一人である。1980年代終わりに英国に留学した際、ヨーロッパで取り組まれていた条件不利地域政策や農業環境支払いに出合った。「農業者が過疎地などに住んでそこで経済活動を行うこと」「農業が動植物や景観を守ること」という市場価値には現れない農業の機能を認識し、それに対して農業政策の枠組みとして助成や規制をかけるという概念は私にはとても新鮮に映った。日本の農業においても、そのような役割を評価し、それに対する農業政策を考えてみたらどうだろうかと思い、留学中の研究テーマに選び、帰国後に「英国の農業環境政策」という本にした。

それから30年。その間、日本もヨーロッパも、そして当初はそのような考え方にはあまり興味のなさそうだった米国でも、農業の多面的機能をめぐる環境は変化している。

ヨーロッパでは、農業政策が農業生産過剰と同時に生物生息地の破壊による生物多様性の劣化を招いたことへの反省から、農業政策における農業環境保全策の重要性が高まってきている。また、農業の条件不利地域支払いなどが行われてきたが、EUの拡大に伴って加盟国間の経済格差や農業保護水準の違いが大きくなり、地域社会政策の比重を高める方向になりつつある。ヨーロッパにおける農業と環境保全の両立を図るための農業環境支払いは、当初は農業生産を粗放化しそれによって農産物の過剰生産を抑えることとセットであったが、近年は、農業者に多額の補助金が支払われていることに対するEU市民の反発を軽減するための政策、という側面も大きくなっているようだ。また、動物福祉、気象変動対応、小農支援などの新しい政策テーマが加わり、より幅広い多面的機能を対象とした農業政策に向かっている。

ヨーロッパ諸国の農業政策のそのような流れの先端を走るのが英国である。英国では、近代的な農業が及ぼした環境破壊に対する厳しい世論に対応すべく、30年近くにわたり農業環境支払い事業を拡充してきた。英国は、2019年にEUから離脱することになっている。その後に導入が予定される独自の農業政策として、「公的資金は公共財へ」とのコンセプトを打ち出し、農地面積当たりの助成を廃止し、農業の多面的機能だけを助成対象とする農業政策案が提示されている。では、農業者が果たしてきた本来の役割である「人類にとって必要不可欠な食料を提供する」ことは政策として評価しないのか。釈然としない思いを抱えつつ、英国で少数派である農業者は環境保全や動物福祉、食育活動などに取り組むことになるのだろうか。

米国は農業の多面的機能を農業保護の正当化に結びつく考え方とみなしてきたと思われるが、最近米国で見られる有機農業、ファーマーズマーケット、CSAの取り組みの拡大からは、消費者が多様な農業・食のあり方を求めて自ら行動に出ているさまがうかがえる。

その中で、日本では、農業関係者の中では農業の多面的機能という考え方はかなり定着してきている。農業が洪水を防止するなど国土を保全し、豊かな自然や景観を提供し、伝統的な行事や食文化を守るなどの役割を果たしてきたことに、多くの農業者は誇りを感じているのではないだろうか。しかし、一方で農地の転用が進み、美しい農村と言いつつ、建物の材質や形などが統一されているヨーロッパの農村風景と比べれば、決して美しいとは言えない日本の農村がある。農業の近代化が以前は農村で見慣れた動植物を減らす原因となっている。

富山和子さんによる「日本の米カレンダー」が２０１９年版を持って30年間の歴史に幕を下ろす。このカレンダーは、「水田は文化と環境を守る」というコンセプトのもとに、30年にわたり、日本の農村の風景、農業にまつわる伝統文化・行事の美しい写真と富山さんの詩、それに英訳もついて発刊されてきた。この美しい写真を集めるのも、年々大変になってきたと聞いたことがある。そこに表現された日本固有の農業の持つ多面的機能を、これからどのように守っていくのか。

世界の農業の多面的機能に関する現状や、人々の捉え方やそれを発揮させるための手段はどんどん変化している。その中で日本の農業の多面的機能を考えるとき、私がこれからもっとも重要だと思うのは、それを農業以外の人々にもっと意識してもらうことである。ヨーロッパや米国では、農業の多面的機能の必要性はむしろ消費者側が提起し、それまでの農業のやり方を否定することも含めて、農業者と消費者とで双方の求める農業の姿を追求してきたという経緯がある。しかし、日本の場合、農業の多面的機能は農業側から提起され、それを消費者に理解してもらう、という流れである。今や都市の消費者の多くは親族に農業者がいない人がほとんどであり、農業への接点も関心も薄い。まずは、農業そのものに関心を持ってもらうところから始めなくてはならない。その過程で、美しい農村景観を再構築する、損なわれた動植物を呼び戻すという、今の農業や農村を変える努力も必要だろう。私が「田舎のヒロインズ」に期待するのは、そのための行動である。

私は「田舎のヒロインわくわくネットワーク」の時代から、当初は仕事の上で関わりを持ち、やがては会員として参加させていただいている。「田舎のヒロインわくわくネットワーク」はまずはそれぞれの地域で奮闘する農村女性を結びつけ、さらにはその応援団を結びつけるネットワークとして活動してきた。「田舎のヒロインズ」になった今、そのネットワークを土台に、農村女性が農業を知らない消費者と農業をつなげ、農業について味方であり時には耳に痛い批判もしてくれる消費者を育て、一緒に農業の生産活動や多面的機能を発展させていくために踏み出すことが期待されていると思う。「田舎のヒロインズ」の若いメンバーがそれに向けて活動していくのを、私はこれからもできる限り手伝い、応援していきたいと考えている。

和泉 真理
日本協同組合連携機構（JCA）客員研究員。おもに、ヨーロッパ農業、農業の担い手の確保、農業と環境、有機農業などの研究をしている。研究実績として（著書・論文等）英国の農業環境政策と生物多様性（共著）などの著書を出版。

地に足をつけた生き方のススメ

日本テレビ『ザ！鉄腕！DASH!!』元プロデューサー、執行役員事業局長　今村司

DASH村を覚えていらっしゃいますか？　現在も日本テレビ系列で放送中の「ザ！鉄腕！DASH!!」。

その番組で2000年から2011年までTOKIOと私たちで自給自足のユートピアを作っていました。「便利は復讐する」という言葉を座右の銘に「文明の利器を使わず、自分たちの知恵と肉体を信じて」東北の二十数年前に棄てられた土地を開拓していきました。

工業化を進めた末、地球温暖化を招き、IT革命を進めた結果、人心の空洞化が問題とされ、ファストフード、コンビニ全盛で「おふくろの味」が失われました。

何人かのスタッフは現地に住み込み、農地の管理、家畜の世話に明け暮れました。TOKIOも朝から晩まで楽しく汗を流しながら、家を建て、米を作り、井戸を掘り、炭を焼きました。

人間の原点…生きること、生活すること、モノを作って食べること。三瓶明雄さんという一番近い住民の方（なんでも知ってるスーパーお爺さん）の指導で、ＴＯＫＩＯ５人とともに我々は楽しんで苦しんで喜んで村を作っていきました。

私は神奈川県三浦半島の漁村で生まれ育ちました。前は広大な相模湾、後ろは三浦大根、三浦キャベツなどが有名な肥沃な大地です。幼い時から大きな魚を捕ってくる漁師、立派な作物を作る百姓に強烈な憧れがありました。赤銅色に焼けた肌、盛り上がった筋肉、深い皺を刻んだ弾ける笑顔。彼らは憧れのヒーローでした。

高校卒業後、東京に出て放送局に就職しました。テレビ番組を制作してきましたが、ずっと違和感が消えませんでした。

農業に対するネガティブな描き方です。凶作の時は青いまま刈られていく稲、台風の時は無残にも地面に転がる林檎、豊作の時でも畑に置き去りにされる人参。老人ばかりを映し高齢化、将来の暗さを強調する報道姿勢にたまらない違和感を持っていました。

「ＤＡＳＨ村」は仮想空間です。まずは農業を明るく楽しく描くことを基本としました。ＴＯＫＩＯが楽しみながら苦しみながら農業と向かい合うというドラマを描きかったのです。農業は悪いものじゃないよ！　素敵な仕事だよ！って、まずはテレビを見てくださる方に感じてほしかったのです。

ＤＡＳＨ村の作物づくりは商売ベースではありません。ですからいろいろなことに挑戦できました。農薬の散布をギリギリまで我慢し、「もうだめだ」という時に初めて農薬を使用する。そのおかげで作物ができ、収穫を迎えることができる。農薬が「農業のお薬」になるのです。

作物は色や形より、味や栄養価や安全性が優先されるべきです。ですから、形が悪くても、おいしい安全な作物にこだわりました。その過程で「世の中の価値観」を見つめ直す機会になれば…と思っていました。

ＤＡＳＨ村が思った以上の反響を呼び、人気企画に育っていきました。番組の視聴率も上がり、ＴＯＫＩＯのメンバーもアイドルの枠を超えた人気タレントになっていきました。

残念ながら２０１１年の東日本大震災の影響でＤＡＳＨ村は廃村せざるを得なくなりました。しかし、ＤＡＳＨ村のポリシーはＤＡＳＨ海岸、ＤＡＳＨ島と姿を変え、番組に脈々と受け継がれています。

この「ＤＡＳＨ村」がご縁となり、小泉純一郎総理の時に発足した総理直轄の地域振興プロジェクト（現在は「ディスカバー農林漁村の宝」）の有識者委員を15年間ほど務めさせていただいております。ここ数年痛感しているのが「女性の力」です。女性がそのセンス、美意識、価値観でその地域を牽引している地域が大成功を収めています。地域を変える力には女性のセンスとパワーとビジョンが不可欠です。

これからは地に足をつけて生きていく時代です。今後も続々と逞しく美しい「耕す女」が日本中に出現する予感がします。

今村 司

日本テレビ放送網執行役員事業局長。『ザ!鉄腕!DASH』元プロデューサーで企画者。多数のテレビ番組を手がけ、映画『キングダム』や『羊と鋼の森』などの映画にも携わる。現在は、「ディスカバー農林漁村の宝」の有識者委員を15年務めている。

服も農産物～オーガニックコットンの畑から考える〝顔の見える服づくり〟

エシカルファッションプランナー　鎌田安里紗

わたしの服はどこで誰がつくったの？

長らく、そのことに興味を持ってきた。

16歳の頃、渋谷のショッピングビルのとあるブランドで販売員のアルバイトを始めた。同じ頃、スカウトをきっかけにファッション誌でモデルを始めることになる。

毎月様々な服を着て、販売し、自分でもたくさんの服を持っていた。たくさん持っているにもかかわらず、まだ足りないとまだ足りないと、どんどん増える服。一着一着にしっかり意識を向けたことはなかったかもしれない。

ある時、服を企画する仕事を担当することになり、素材の調達のため中国に出かけた。生地市場には大量の布・布・布・布。洋服を構成する様々なパーツもある。そこから生地やパーツを探し、デザインの仕様書とともに、縫製工場に送る。1、2週間後には実際の服の形になったサンプルがポンっと届く。なんだか不思議な気持ちだった。宙に浮いたものをつくっているような気持ちだった。というよりも、「つくっている」感じがしなかった。

この生地たちはどこからきたのか、パーツはどこからきたのか、縫っているのはどんな人たちなのか、見えない部分が多すぎる。その頃、インドから生産者を招いて、服づくりの過程について紹介するトークイベントを行っているファッションブランドと出合うことになる。原材料はどんなものので、どこで作られているのか、どこで糸にして生地にしているのか、染料は何を使っているのか、聞けばなんでも教えてくれる。そして、縫ってくれた人は目の前にいる。新鮮な驚きだった。この人たちはほんとうに「つくっている」と思った。

この頃から、わたしは「エシカルファッション」という言葉を用いて情報発信をするようになった。エシカルとは、英語で〝倫理的・道徳的〟という意味を持つ。つまり、服を生産・販売・廃棄する過程で人や動物、自然環境に与える影響をできるだけポジティブなものにしようとする考え方だ。

服づくりの背景がブラックボックス化してしまっていることによって起きている問題や、大量の服を生産することによって起きている問題に目を向けてもらうきっかけをつくる。一方で、そうした問題に陥らないように哲学を持ってうつくしい服づくりをしているブランドを知ってもらう機会をつくる。いつのまにか、それが自分の仕事となっていった。

数年前から、服づくりの現場を訪ねるツアーを企画・実施している。これまでに訪ねた国はカンボジア・インド・ネパール・バングラデシュ・ベトナム・スリランカなど。それぞれの国で、その土地に根ざして、様々な服が生まれていた。カンボジアのツアーではオーガニックコットンの畑を訪ね、収穫から糸紡ぎ、機織りまでを体験させてもらった。

参加者の一人が「服って植物だったんだ」とつぶやいた場面が強く印象に残っている。もちろん、その人も服の原材料がコットンやリネンであれば植物で、他には動物の毛や石油を使っているものがある、ということは知識としては知っていたはず。けれど、服も農産物であるということ、育てている人がいるということを心から実感したのは、腑に落ちたのは、きっとこの瞬間だったのだろう。

着るもの、食べるもの、日々の暮らしのなかで使うもの。機械的なものも工業製品も。そのすべてがもとをたどると地球と繋がっていると思うと、果てしないような面白いような、なんともいえない気持ちになる。

地球上の何かしらの資源を、誰かが関わって「もの」にして、誰かが運んで販売して、使う。自分が使っていたものを手放せば、他の誰かが大事にするかもしれないし、捨てられて燃やされるかもしれないし、燃やすこともできず埋め立てられるかもしれない。めぐりめぐってまた地球に戻る。

こうして、意識せずとも、わたしたちは地球のめぐりのなかにいる。意識せずとも、めぐりのなかにいられるけれど、わたしは意識的であることを選びたい。そうすることで、着ること、食べること、暮らすことの意味や濃度がちがって感じられるから。よりぜいたくに、その喜びを感じられるから。

鎌田 安里紗

ファッション紙のモデルから顔の見える服づくりをテーマにエシカル（倫理的・道徳的）ファッションプランナーとして講演や商品企画など国内外問わず活躍中である。慶應大学非常勤講師・同大学大学院博士課程在籍中。服づくりの現場を訪ねるツアーの企画も行っている。

女性が主演の農業こそが輝く

農林水産省大臣官房政策課技術政策情報分析官　榊　浩行

1　農業は男性の仕事？

「農業は男性の仕事である」

大手メディアにおいてさえ、いまだにそういうニュアンスの報道を目にすることがあります。農業と縁の薄い都会の人たちの多くも、もしかしたらそう思っているかもしれません。

しかしながら、家族経営を主体として発展してきた日本の農業においては、大昔から農作業は家族総出が原則。お父さん、お母さん、おじいちゃん、おばあちゃん、それに子供たち。さらに田植えや稲刈りなどは、親戚もみんな集まって農作業にあたりました。そうした光景をイメージすれば一目瞭然。農業は、女性も男性もなく、みんなでやる営みでした。

そして今でも、統計をとれば、農業に携わる人の半数は女性です。ところが、「農業経営」という視点で見てみると、家族でやっている農業なのに、その経営に男性と同等に参画している女性は必ずしも多くありません。

古くからの家父長制度の風潮がいまだに抜けきれておらず、農作業もこなし、家事も育児も高齢者の介護もこなすスーパーマンのような女性（もとい！　スーパーウーマンでした！）なのに、経営に口を出せないどころか、農家の女性向けの研修などに出かけるにも夫や舅の許しが必要であったり、ファクシミリで届いていたはずの研修の案内を舅が握りつぶし、研修の存在自体を知らされなかった、などという、およそ21世紀の世の中のこととは思えないような話を、私が就農・女性課にいた頃に、何度も聞いたことがありました。

家族の中がそんなことですから、地域においても女性が自由に発言し、その意見が十分に尊重されてきたわけではありません。当時、ＪＡの役員や農業委員の数に占める女性の割合はわずか数パーセント。地域の農業の様々な方針決定に女性の声が反映しにくい状態が続いたままでした。

さらには、男性の体格や力に合わせて作られた農業機械や農機具、食べ物を作る現場であるにもかかわらず、圃場周辺にトイレが整備されているところは少なく、多くの女性が我慢を強いられている実態。そして、全国どこに行っても白色しか走っていない軽トラ…。

農業が本当に女性もやりがいをもって生き生きと働ける仕事であるのなら、女性用のトラクターや草刈り機があり、水田地帯の一角には気軽に使えるパウダールームがあり、仕事に行くのが楽しくなるようなカラフルな軽トラがあってしかるべきではないのかなあと、私の頭に素朴な疑問として浮かび、多くの女性からも「ぜひ欲しい！」という声が上がっていましたが、誰も具体的に解決しようと動いていませんでした。

農業において「男女共同参画」が叫ばれるようになってすでに何年も経っているにもかかわらず、家族や地域の中だけではなく、農業を取り巻く企業や組織、行政までもが男性中心の農業を当たり前だと思い、本気になって、女性が自由に考え、行動できる、まったく新しい農業の姿を実現させようとしているとは思えませんでした(注1)。やはり「農業は男性の仕事」なのでしょうか？

（注1）これはあくまでも、私が就農・女性課に着任したときの印象です。農林水産省では、以前から、家族経営協定の提唱、女性の農業委員や経営者のネットワークづくり、各種の研修の開催など、女性農業者の地位向上、活躍推進の施策を数多く実施し、またそうしたことに情熱をもって取り組んでこられた先輩もたくさんいらっしゃいます。決して、農林水産省が何もしていなかったわけではありません。くれぐれも誤解なきように…。

2 農業の本質は作物を見守り、育むこと

工業は、原材料を揃え、それを加工し、組み立てて製品を作る、最初から最後まで人間がものづくりを行うという営みです。

これに対して農業は、小さな小さな種子が、水と空気と土、それに太陽の光を使って生長し、実をつけるという植物の力に、ほんの少しだけ人間が手を加えることによって、自分たちに都合のよい大きさ（量）や形（品質）の農産物を作ってもらい、それを利用させてもらう営みです。機械化が進み、作業の効率が上がっても、また施設の普及によって季節を問わずに様々な農産物がいつでも収穫できるようになった現在においても、農業のこの本質は変わりません。

農業において人間は、植物（作物）が育つ場所を選択し、その場所の環境を整え、そして実った農産物を収穫するだけで、あとはひたすら作物が生育する姿を見守っているだけです。決して人間が農産物を作っているわけではなく、実をつけてくれる作物を育むのが人間の役割ということです。愛情をいっぱいに注がれて育まれた作物は、立派な実をたくさんつけてくれます。こうして考えると、女性こそが農業を営むのにふさわしいと思えてきませんか（注2）。

（注2）男性農業者のみなさんも、ご自身で育てられている作物に愛情を込められていることは言うまでもありません。決してそれを否定しているわけではありません。これもまた、誤解のなきように…。

これもまた私の印象であって、客観的なデータに基づくものではありませんが、農業者の方々のSNSへの投稿を見ていると、男性農業者の投稿は、「今日はこんな作業をやっています！」、「こんな機械や施設を使ってます！」といった、「仕事としての農業」を紹介するものが多い感じがするのに対し、女性農業者の投稿は、「播いた種子が芽を出しました！」、「花が咲きました」、「こんな実が成りました！」というような、「わが子の成長を誇らしく喜ぶ」といったものが多い感じがします。

バリバリと仕事をこなすことも、子供を育てるのと同じように愛情込めて作物を育てることも、どちらもとても大切なことですが、もしも効率最優先の農業で生産された野菜と、少し効率は落ちるけれども愛情を込め、手をかけて生産された野菜が、スーパーの同じ棚に並んでいたら、消費者はどちらを手に取るでしょうか？

女性ならではの農業というものが、もっともっと表に出るべきだと私は思います。

3 女性のおしゃべりからイノベーション？

仕事柄、私は多くの農業者の方々とお付き合いをさせていただいてきました。そして、会議や研修会などだけではなく、時にはお酒を飲みながらの交流の場にも出て、昼間には聞けないようなお話を聞かせてもらうこともありました（むしろ、そっちの方が多かったかもしれませんね…）。

そして時折不思議に感じることがありました。お酒が入って場がくつろいでくると、女性も男性も、どちらもまず始まるのは、普段から溜め込んでいた愚痴話。家庭のこと、地域のこと、行政に対する不満など、ネタは尽きません。

ただその先が違いました。男性同士の飲み会の場合、愚痴話が延々と続くか、もしくは一国一城の主としてのお国自慢に変わっていくかです。

ところが、女性同士の飲み会の場合、愚痴話がひと通り終わるとビジネスの話が始まることがよくありました。特に、初対面の人同士の場合が多く、「今度コラボしてイベントやりませんか?」、「うちが取引しているスーパーを紹介しましょうか?」など、作っている作物も、住んでいる地域も違っていても、お互いの得意分野を持ち寄って新しいビジネスを生み出そうという発想に進みます。

どうしてなのかはよくわかりませんが、女性にはもともと新しい結びつきを求め、今までにない新しいものを生み出そうとするチカラが備わっているのかもしれません。

「イノベーション」という概念を世に知らしめた経済学者のヨーゼフ・シュンペーターによれば、「新しい結びつきこそがイノベーションをもたらす」ということだそうです。ちなみに、イノベーションとは単なる「技術革新」にとどまらず、新しい価値の創造により経済などを発展させるという大きな概念ですが、その原動力となる「新しい結びつき」と「新しい価値の創造」を、女性たちはおしゃべりしながら、いとも簡単にやってみせるのです。

　日本の農業の衰退が叫ばれるようになって半世紀。いくらＩＴやＡＩなどの新技術を活用しても、農業そのものを根本的に変えていかなければ、言い換えれば、日本の農業にイノベーションを起こさなければＶ字回復など望みようがありません。そのカギを握っているのは女性なのだと、私は確信しています。

　また、女性の結びつく力と合わせて口コミによる情報伝達の力にも目を見張るものがあります。携帯電話もインターネットもなかったアナログの時代にでも、食べ物のこと、子育てのこと、芸能人のうわさ話など、女性が関心を持つ話なら、井戸端会議を通じてあっという間に全国に広がりました。

　そこに今はＳＮＳが加わり、女性の口コミの力は飛躍的に大きくなっています。友達の友達も、そのまた友達もみんな友達…。知らない間に結びつきのネットワークは世界に広がり、様々な情報が飛び交います。そして、ご当人たちは意識していなくても、そんな中から新しいビジネスや新しいマーケットが生まれてくることも期待できるのです。

　お手製のお味噌をネットショップにアップしたら、評判が口コミでどんどん広がり、ある日、行ったこともないアフリカの国の主婦から注文が入った！　なんてことも起こりそうです。行政や大企業の力など借りなくても、世界に広がる女性の口コミネットワークが日本の農業のマーケットを大きく変えてくれるような気がします。

4 女性が主演の農業こそが輝く

映画やドラマにおいては、作品によって女性が主演であったり男性が主演であったり、主演女優と主演男優の競演があったりと様々です。またある作品では助演だった女優が別の作品では主演を演じるなど、作品によって、また俳優の個性や才能によって様々な役を演じることで多様性が広がり、映画やドラマ業界全体が盛り上がります。主演は常に男性で、女性はどれも助演だけの作品しかないなら、きっとつまらない世界になるでしょう。

農業においても同じことが言えます。女性と男性では体力や感性が異なりますし、個々の人については能力も経験も一人一人違います。

女性だから、男性だからということで区別するのではなく、それぞれの特性を理解し、お互いを尊重し合いながら農業を盛り上げていけることが理想だと思います。特に女性は、これまであまり表に出せなかった知恵やエネルギーをまだまだたくさん持っています。

個々の農業経営の改善や地域農業の振興、さらにはこれからの日本の農業の発展を考えるとき、女性が主演を演じられる舞台を整え、これまでに蓄えられてきた知恵やエネルギーを引き出しながら、その個性と才能をいかんなく発揮できるようにしていくことが何より大切なのだと思います。
若い女性たちが農業を職業として選択してくれるような、女性が輝く農業にしていくことはもちろんのこと、女性が自ら考え、その考えに基づいて自由に行動し、いつでも主演を演じられるようになったときこそ、日本の農業全体が輝くのです。
女性のチカラによって日本の農業の未来は明るい！　私はそう信じています。

（２０１８年10月）

榊　浩行

農林水産省大臣官房政策課技術政策情報分析官。農水省のヒット企画となった「農業女子プロジェクト」の生みの親。２０１４年にＡＬＳ発症後、OriHime eye を使って眼だけで素晴らしいイラストを描き、ＡＬＳ患者でもいろんな可能性があることを発信している。表紙絵の作者。

農業ＩＣＴから広がる夢

ＮＴＴドコモアグリガール００１　大山りか

私がＮＰＯ法人田舎のヒロインズの理事長・大津愛梨さん（えりちゃん）と初めて会ったのは２０１５年５月。当時、私は協業するベンチャーの方から、「熊本にすごい農業女子がいる。ドイツにも留学して、阿蘇を世界農業遺産にした女性だ」と教えていただき、農業イベントで披露する動画の撮影協力をお願いするためにコンタクトを取ったのだ。

私は、ＮＴＴドコモで農業ＩＣＴソリューションを農家さんに普及促進する仕事を担当していた。農業ＩＣＴソリューションとはＩＣＴを活用して情報を収集、見える化、分析することで、稼働削減や生産性向上を支援するソリューションである。えりちゃんに撮影協力したのは水田センサー。水田にセンサーを設置することで水位や水温をスマートフォンで確認できるため、農家さんが田んぼを見回る時間と労力を大幅に削減することができる。農業ＩＣＴソリューションの具体例としては、ほかにも牛の発情や分娩、鳥獣が罠にかかったことをメールで知らせるものなどがある。

この担当がたまたま女性二人のみだったことから、遊び心も込めて、「アグリガール」と自分たちを名付けた。実際には農業に関しての知識はほぼなく、農業に携わったこともなかったので、果たしてすごい農業女子にアグリガールを受け入れてもらえるのだろうかと少し不安に思っていた。

撮影当日は雨だったが、霧雨かかる神社の水田風景はとても神秘的であり、えりちゃんが阿蘇だけでなく日本の農業を女性視点も交えながら一人称で語る姿はとてもきれいで、企業組織でしか働いていなかった私は意識の違いに圧倒された。阿蘇や日本という大きなところから考えるならば、アグリガールを受け入れるかどうかなどの心配は無用だったのだ。

その後、アグリガールは少しずつ人数が増えてきた。そもそも遊び心で作ったアグリガールが思いのほか増えて、ドキドキしてきた。これからどこに向かうのだろう。いつ終わればいいのだろう。その時、ヒントを見つけるために再び阿蘇に行ってみようと思いついた。えりちゃんの家に泊まり、夜中まで話をして、同じ価値観を持っていることに感動した。ヒロインズとアグリガールのひとりひとりが活躍する未来を作りたい。そうすればもっともっと農業は元気になるはず。それがひいては日本をも元気にするはず。そのために、いつか一緒に何かしたい。そして後継者に引き継ぎたい、と。

その後、「熊本でレストランバスを走らせるの！」という連絡がえりちゃんから届く。熊本地震が発災した翌年の春だった。被災地での取り組みとはいえ、観光振興のイベントだとすれば、東京の私が企業として連携するのは難しいと考え、個人的にGWに熊本へ行った。しかし、行ってみると、単なる観光イベントなんかでは決してなかった。

　レストランバスは、農地や水源などを走りながら、今見てきたそこで取れる食材を使った料理を車内のその場で食べる。観光地ではなく、生産地そのものが訪れる人を魅了し、農業や農村の魅力を存分に味わってもらえるのだ。「観光客の皆さんだけでなく、地元の人にも乗ってもらいたいの。地元の人が、地元の素晴らしさを感じて、一緒に未来を考えていきたいから」とえりちゃんが言う。食材を提供したヒロインズは「こんなに皆が美味しいと言ってくれるなら、直接販売してみたいな」と言う。体験することで自ら考え、変わる未来があるかもしれないと心にジンときた。その時、ヒロインズの理事が全国から集結してレストランバスに乗って、日本の農業を元気にするイベントを実施すると聞く。アグリガールも一緒にどうかと誘われ、やると即決してしまった。

　ほかのアグリガールにも体験し、共感してほしいと思ったからだ。全国に散らばっているヒロインズの理事さんたちと同じ地域のアグリガールを集めて、レストランバスに乗った。前日は、ヒロインズとアグリガールの懇親会。まったくフィールドの異なる女子達が一緒にたくさん飲んで、食べて、夜遅くまでおしゃべりし続けた。

　今、アグリガールは100名を超えている。ヒロインズもアグリガールも同じ「日本の農業を元気にしたい」という「共通の思い」を持ち、「共感力で人を惹きつける」（一橋大学　名誉教授　野中郁次郎先生のお言葉）。この本に発表されているような現場感あふれる耕す女たちひとりひとりのストーリーに価値がある。同じように、アグリガールも地域の現場でひとりひとりのストーリーを創りはじめている。元気女子パワーははかりしれなく、きっとこれからの未来には必要不可欠だと思う。

最近、えりちゃんとさらなるコラボレーションについて構想を練り始めた。農業に携わる田舎のヒロインズと、サービス業に軸足を置いたアグリガールが、二人一組のペアとなって、高校や大学などの教育機関で授業をしたり、企業のアドバイザー役になったりして、いろいろな地域や場所で、日本の農業・農村を元気にする助っ人になろうという構想だ。まだ妄想に近い段階のアイディアではあるが、想いを同じくする「田舎のヒロインズ×アグリガール」が、農業だけでなく、地域や業種や組織の枠組みを超えて、異業種の強みを活かした旋風を巻き起こしていけたら、と思うとそれだけでワクワクしている。新しい世界と機会、そして未来をくれたNPO法人田舎のヒロインズには心から感謝している。

大山 りか
日本電信電話　研究企画部門アグリガール００１。１９９５年ＮＴＴドコモに入社。２００

7年ドコモ・ドットコムに出向、モバイルコンテンツコンサルティングに携わる。2014年農業ICTプロジェクトチームを立ち上げ「アグリガール」を結成。2017年総務省と連携し、農業だけでなく業界・企業の垣根を越えた「IoTデザインガール」育成プロジェクトを発足、展開。

「NPO法人田舎のヒロインズ」の書籍出版に寄せて

Ome Farm 代表　太田太

この度は発刊に際し寄稿のオファーをくださり、ありがとうございます。農業の先輩方からこういったお話をいただけたこと、とても光栄に思っております。

農業が持つ側面という点で、まちづくりであったり、人の人格形成であったり、そういうことを自分なりに説明する時に、自分たちの体験をまるごと説明すると、非常に手っ取り早いのかな、と思っています。

僕達は東京の端っこに位置する青梅市の農業地帯（東京でなければ限界集落であろう地域）で、農業と養蜂を営んでおります。スタッフや研修生、休日などに手伝いに来てくださる方は、なぜか海外に在住経験のある方が多いです。これにも時代の流れを感じますし、日本を一度出て、海外で各々生活を経験した上で帰国して、それぞれの仕事に就いて思うことには一定の類似点があるような気がします。

僕は、農業を始める前は、ファッションビジネスの世界におりました。世の中では「アパレル屋が農業なんてナメてる生意気な新参者」と叩く人もいますが、何でも人と違うことをやったり、考えたりする人は叩かれるのが日本の常ですから、叩かれることも楽しみながら刺激的なスタッフ達と一緒に営農しています。

僕自身は、もともと糸にまつわる家系に育ちました。曾祖父の代までは紺屋（こうや）、大戦を挟み祖父の代でテーラーとして事業拡大、父の代ではテーラーメイドではなく時代の背景もあり、大規模なファッションビジネスへと仕事の軸が変化していったので、父は小売とＭＤ（注１）の世界へ。

（注１）ＭＤ＝マーチャンダイジング：商品計画・商品化計画の意味。商品を販売するにあたり、企画・開発や調達、商品構成の決定、販売方法やサービスの立案、価格設定などを、戦略的に遂行すること。

しかし小売を目指した父は、アジアで初のファッションウィーク設立に関わることになり、いつの間にかブランドビジネスの世界へ。世界が知る数少ない日本人デザイナーの会社の代表になったりして、紆余曲折。本当にやりたかったことは40代後半以降になってから関われていた気がします。

そんな環境で育った僕自身は、ファッションイベントの制作に興味を持ったままアメリカに渡り、そこからはブランドの営業・広報・イベント企画に携わり、帰国してからも国外を飛び回って展示会運営、海外営業・広報、輸出サポートといった仕事に従事していきました。毎日刺激はありました。日本にいない、外国人相手、クリエイターとの仕事という時間は特に有意義で、単純に楽しかった。

ただ、アパレルの世界に限界も感じていました。これ以上ポジティブに膨らむことはないだろうなとも思いましたし、そのクリエイションにおいても、頭打ちになっている感覚があったのです。農業同様、体制や、考え方が古い人達によって覆われている以上、成長率が遅く、価値観は海外にどんどん後れをとると感じ続け、ブランドやデザイナー、会社をサポートするような仕事をしていても、やがては業界全体での価値観が変わる気がしていました。

そんな時に企業から農業プロジェクトのオファーがきたので取り組み始めたのが、農業です。だから、企業参入ということでブーブー言う人がたくさんいました。単純にやっかみがほとんどなので、ブーブー言われるのは構わないのですが、僕達は真面目にテーマを掲げて取り組み始めたので、様々な人達に、いつもきちんと説明して理解していただいてきました。

農業自体に親しみがあったのは、渡米前にお手伝いをさせていただいていた会社で、農業体験や農作業が日々の業務に入っていたことです。ショーに出るモデルさん達ですら土を触らせたり、海で泳がせたりと自然に浸すことをやっていた代表者が「ゴルフ場でミーティングするくらいなら、農場で汗かけ！」と始めた農園サロンみたいな施設があって、そこで無農薬栽培に触れました。

渡米先のニューヨークでは、市街地の中心部から農場のある郊外までは車で1時間程度なので、夏や秋に友人達とそういった場所を訪れた時の経験は、自分の価値観に大きなインスピレーションと影響を与えました。

これだけの大都市に豊かな自然が溢れていて、またその近距離から運ばれてきた野菜やチーズなどは、これもまた新鮮ですごく美味しい…これが農業プロジェクト立ち上げの時に一番体現したかったことです。なぜなら日本には、アジアには、そんな都市はないから。

そこで根をおろしたのは、前述の通り、青梅市です。

世界から見たTOKYOを、ビルがたくさん林立する単なる「アジアの大都市」と位置づけるのではなく、首都圏で営農もできる都市として認識される側面の一部になれればと思って、イメージよりも実務・実利のありそうな土地として選びました。同時に「どう売るか」を念頭に置いてプロジェクトを進めていきました。

だから商圏との距離はとても大切な考査項目でした。そして社会背景を見て、いずれなくなってしまうかもしれない農協という存在に甘えることなく、どれだけのことができるか…。そうすると、名だたる飲食店や、人気店がひしめく東京都内と、隣接区域である埼玉県西部、これだけでも一緒に取り組める先が相当あるのではないか、と。

このあたりのイメージに最も近い都市はアメリカのニューヨーク州ニューヨークやカリフォルニ

ア州サンフランシスコ、バークレー、オークランドなどです。あちらでは、都市部中央区域に、近隣で無農薬で営農するファームがたくさん点在し、活躍していますし、ワイナリーも多くあります。都市部では養蜂（屋上養蜂も含めて）も盛んです。

自然と街が共存し、地域で循環型の農業が根付いているし、皆、健康なものを手に入れよう、食事に取り入れよう、生産者に対価を支払おうという価値観が存在します。ここも、日本とは真逆です。

現在アジアの都市で健康的（環境保全的）な農業をまとまって展開しているところはないことも、東京という大商圏での営農のメリット・価値でもあると思っています。

また、今や日本各地、世界各地の在来品種は続々と淘汰されたり、地球上から消えてしまっていますが、東京で農業に取り組んでいくのだから、この地域に古来からある伝統品種の種を護っていきたいと考え、無農薬・無化学肥料・養蜂と組み合わせた農法に、固定種・在来種といった種を用いて、自家採種を組み合わせて蒔き続け、存続させることにより在来品種に価値を持たせて、伝えていきたいと思っています。種を取る過程で歴史も知ることになります。

また、廃棄率がただでさえ多い日本において、東京都は日本で一番食物の消費量が多く廃棄率が高いところ。食卓に並んで消費されきらなかった食材たち、出荷できなかった野菜などを、正しく処理して発酵させ、再び土に還し、その土で育てた野菜をまた厨房に届ける、食卓に並べる、というサイクルを実践しています。これも僕達の考える、良い農業のやり方の一つです。すべて浪費される廃棄食材の飽和状態から「もったいない」という気持ちに繋がって、生まれた行動です。腐敗と発酵は常に隣り合わせですから、作業自体は慎重です。

農業を営むということは、そこにある風景にどう溶け込むかといったことが大事になってきますから、近隣の農家、住民とどのような関係性を持てるかも、こちらの姿勢一つ、取り組んでいる農業内容にもよりますし、農作物が一つ違うだけで、その時のその土地の景観がまったく違います。

近年の日本は人と人のコミュニケーションが薄れています。スマートフォンの開発で格段に便利になった通信ですが、直接対話や議論の場はどんどん失われていっています。そんな中で土をいじりつつ人と関わるというのは、非常に清々しいものです。

僕の住んでいる池袋では、中学生が自転車を2人乗りしていて「危ないよ」と声をかければ、無視されるか、悪態をつかれるか、ペッと唾を吐かれるだけですが、青梅では学生達の方から元気良く挨拶してきてくれます。農業がある地域とない地域の差異というものは、毎日のように感じています。

最初は耕作放棄地になりかけていた何もない土のグラウンドが、僕達が耕作をする過程で花や野菜でいっぱいになり、幼稚園児たちはじめ、近所の方々が盗み食いを含めて立ち寄られることも増えたことは、コミュニケーションや信頼関係の構築であり、新しく農地を賃借できるきっかけにもなりますから、これも地域興しなんじゃないかと思います。

ただ、アパレルも飲食もそうですが、女性に支持されないものはやめるべきだと思っています。基本的にこの考え方にそって作付け計画も立ててきましたし、これからもそれは変わりません。近年、男尊女卑から脱するような動きが各業界で起きていますが、日本は政界や省庁、大企業に代表されるように、世界に比べればまだまだ圧倒的に後進的です。

もともと僕は、男性は女性に比べて選択権がないと考えているのですが、食に関しては尚更です。どんなに偉い男の人でも、カアちゃん、カミさんに頭が上がらないなんていうのは普通のことでしょうし、愛娘がいれば、手放しで可愛いもの。女性の選択というのは男性の行動のアウトラインを作っていくことなのではないかと、常々思います。

僕も娘を持つ一人の父親です。娘が生まれた時は甲状腺機能低下症（通称・クレチン症）という難病で生まれてきました。ただ、そこで医師が「これさえ飲ませておけば大丈夫」といった投薬の治療だけに頼らず、自分たちで育てた化学と正反対の無農薬栽培の野菜を中心に離乳食から与え、食べることに意味がある栄養素を持つ野菜などを食べさせてきた結果、3年半で娘は完治しました。

完治した、と診断されたのは奇しくも「田舎のヒロインズ」の皆さんに熊本まで呼んでいただいて、トークセッションに参加させていただいた時なのですが、心身が震えたのを覚えています。娘が生まれた時には同じ症状は5000人に1人の確率と言われていましたが、たった3年半で30

00人に1人の確率に上がってしまいました。

そこで自分なりに考えた農業の一つの成果として、同じような症状で生まれた子供を持つ親御さんがもしこういうことを知ったら？　つまり次は伝える番なのだと。

30万円のバッグは自尊心を満たしてくれるかもしれませんが、30万円分、健康な食べ物をムシャムシャ身体に取り入れたら、それは自分と自分の子供の体の一部になっているんだ、ということをカジュアルに伝え続けたいと思っています。

だからこそ持続可能な農業・まちづくりというものは重要だと念頭に置いて、動いています。何度も述べますが、日本が一番後進的なのは、その価値観そのものかもしれません。

農業を通して得られること、農耕を通してつくっていけるものは、目に見えるものにも、見えないものにも存在します。そういった両方が非常にわかりやすいのは、女性が活躍したり、子供達が探究心を持って取り組めること、その両方が農業にはあると思います。

田舎のヒロインズの皆様が、農業の魅力を楽しく、人種・国籍関係なくボーダーレスに発信していってくださることに、僕達も見習い、より一層カジュアルにフラットに、キモくならないように大事なことを、事業や催事などを通して楽しく伝えていけたらなと思います。

太田 太

Ome Farm代表。学生時代ニューヨークへ渡り、ファッションやイベント運営等仕事を通して、現地の食文化と都市農業の在り方や、都心と郊外の生活を自然に楽しむライフスタイルに触れ、感銘を受ける。帰国後、ファッション業界でキャリアを積むも、日本の食文化や農業の現状に世界との差を感じ、農業に転身。現在、世界レベルの農業と農業のある都市生活の構築に挑んでいる。

酪農を通して子供たちが夢を抱ける世界を（女子高生の想い）

修猷館高等学校　堤 夏穂

私には夢がある。世界中の子供たちがグローバルな夢を抱けるような環境をつくることだ。小学4年生の時に目にしたユニセフのパンフレットには、私と同じ年の女の子が水を汲むために毎日何十キロもの道を歩く話が載っていた。冷蔵庫を開ければ食べ物があることが当たり前だった私にとってはあり得ない話だった。とてもショックを受けたのを今でもよく覚えている。「もっとみんなが平等に、自由に夢を描ける世界にしたい」と思い、ユニセフの職員になることを志した。

中学の時の牧場での職場体験は、私の中で大きなターニングポイントだ。両親や親戚に農業関係者はまったくいないにもかかわらず、なぜ牧場を選んだのかはいまだにわからないが、酪農の温かな魅力に私はすぐに魅了された。実際に牛と接し、子牛が生まれる瞬間を目にして、私たちの命は、動物や植物の命に生かされているのだと感じた。フードロスが多いと言われる日本で、今までの生活に戻るのは、なんだか心が凍りつきそうで怖くなり、その後も牧場へ通い続けた。農業からは、自然と人が共生し、命を学ぶことができる。言葉にすればはかないが、私は心の奥底から感動した。

　私を大きく変えてくれた出来事はもう一つある。それは、大津愛梨さんとの出会いだ。ちょうど中学3年生に上がる前の春のことで、私は、自分の夢と世間の常識との違いから、自分に自信が持てなくなり苦しい毎日を過ごしていた。そんな私を見かねたのか、母がSNSを通じて知った愛梨さんの信念やそれに基づく活動を教えてくれた。愛梨さんは正に「私がしたいことをしている人」だった。すぐにアポを取り春休みを利用して会いに行った。そこで私が感じたのは、純粋な愛情だった。すべての活動は「子供の未来にある世界を守りたい」という愛情から生まれたものだった。同時に、子供の未来のためなら、という強い軸を感じた。私もそういう軸のぶれない人になりたいと思った。愛梨さんとの出会いと、実際に共に過ごした数日間の経験が今も私を支えてくれている。

　高校生になった今の私の夢は「世界中の子供たちがグローバルな夢を抱けるような環境をつくること」で、以前と変わりはない。しかし、ユニセフの職員として働くのではなく、酪農を通してその環境をつくりたい。

　今、思い描いていることは2つある。1つ目は貧困地域に牧場と、生乳から牛乳に加工するための工場をつくり、現地に学校をつくることだ。牧場や工場には現地の大人を雇うことで児童労働をなくし、生産した牛乳は現地の子供に配る。余った分は都市で売り、学校をつくるための資金にしたい。2つ目は地元にたくさんの国の人が働く牧場をつくることだ。実際に私が牧場でお手伝いをさせてもらっている時、牧場と地域はよく密着しているなと感じた。散歩中のご老人や下校中の小学生が牛を見て話しかけに来てくれる。もし、その牧場でたくさんの外国人が働いていたら、牧場は子供が気軽に海外の文化に触れられる場所になるのではないか。酪農は食べ物や自然に対して麻痺してしまった心をじんわりと温め、ほぐしてくれる。酪農には心を耕す力があるのだ。子供が自由に夢を描けるような世界には農業が欠かせない。豊かな心を耕し続けるために。

堤 夏穂

2002年8月12日生まれ。福岡県糸島市在住。福岡県立修猷館高等学校在籍。4人姉弟（姉、妹、弟）の次女。中学では陸上競技部（100メートル、4×100メートルリレー）、高校ではヨット部に所属。ピアノを弾くことと読書が趣味。将来は農業と国際関係に携わる仕事をしたいと考えている。

おだやかな革命～これからの時代の「豊かさ」を問いかける

ドキュメンタリー映画監督・有限責任事業組合いでは堂代表　渡辺智史

映画作りの原点としての農村

私は山形県の日本海側にある城下町・鶴岡市を拠点にドキュメンタリー映画を制作している。これまで地域性の色濃いテーマでドキュメンタリー映画を制作してきた。前作の映画『よみがえりのレシピ』は、大量生産、大量消費の現代社会において忘れ去られた伝統野菜のタネを守る農家の物語だ。収量が低く、病気にも弱いという理由で忘れ去られた伝統野菜に関する映画だ。現在は品種改良された野菜が圧倒的に主流で、収量が低く、病気に弱い伝統野菜は流通に適さないとされてきた。昔懐かしい味や香りが愛おしいと、誰も栽培しなくなった伝統野菜を大事に守り続けてきた農家の思いに共感して集まったシェフ、大学教授や新規就農した農家が織りなす「食のコミュニティ」が誕生する姿を描いた。全国300箇所以上で上映され、海外の映画祭でも招待上映された。

私自身は『よみがえりのレシピ』の撮影のために、東京から戻り故郷を拠点に映像制作を始めることになった。それまでは、ドキュメンタリー映画を作り、全国に配給するとなると首都圏で仕事をすることが常識だったが、今ではネットや流通の進歩によって、地方で仕事をすることも難しくなってきている。より積極的な理由を見出すとすれば、地域に暮らしていると、地域が抱える課題をよく理解できる、それが次回作の映画の企画につながることが多い。全国各地で抱えている地域課題の多くは共通していることもあり、地域課題を掘り下げた映画は、他の地域でも観てもらえるチャンスがあるのだ。

かつては限界集落という言葉が盛んにメディアで叫ばれていたが、ここ10年ほどで農村には穏やかな変化の兆しがあった。『よみがえりのレシピ』に登場する若者は、実家に代々伝わる在来の芋の栽培を継承するため、会社を退職して新規就農した。そして今では芋だけでなく、栽培の担い手がいなくなった親戚のリンゴ畑を受け継ぎ、芋もリンゴも事業として成功している。それまで都会にだけ目を向けてきた若者たちが、確実に地域やローカルを意識し始めている。山形という場所で撮影をしてきた中で見えてきた、地域の変化の兆しが、今回の映画『おだやかな革命』の企画の原点となっている。

日本各地に広がる、おだやかな革命の動き

私が最初に岐阜県郡上市石徹白を訪ねたのは2015年の5月だった。すでに、100世帯全戸出資で小水力発電を始めるという動きをネットで知っていた。全戸出資をするという集落とは、どんな集落なのかと興味をもち、事前取材に出かけた。案内をしてくれた平野彰秀さんは石徹白に移住した元・外資系コンサルタントで、小水力発電事業の呼びかけ人だ。2007年から石徹白に通いながら、最終的には夫婦で移住を決めた。

平野さんに最初に案内されたのは石徹白にある白山中居神社だった。日本有数の山岳信仰の聖地・白山への登り口として栄えた石徹白。かつては2000人の人口だったが、今では200名まで減少、地区にとってかけがえのない石徹白小学校が閉校の危機にあった。そんな中、持続可能な地域づくりができる場所を探していた平野さんは、なぜこの数十年でそれまで当たり前にあった暮らしを続けることができないのか、どうしたら豊かな地域の文化を継承していくことができるのかという思いから、地域の人々への聞き書きを続けてきた。そして明治時代の人が手彫りで掘った農業用水路の歴史や、地域に伝わる伝統的な野良着の作り方など、地域に埋もれていた先人の知恵がたくさん眠っていることに話を聞く平野さん夫婦だけでなく、話をする地域に暮らすお年寄りも気づいていくことになった。

そういうプロセスを経て、地域が一致団結して、先人が汗水流して守ってきた地域を、次の世代に継承しようということで、地域がまとまっていき、そして全戸出資への動きへと繋がった。平野さんの思いを受け止めたのは、石徹白地区の自治会長との上村源吾さんだった。「実際に、詳しい技術的なことは、出資したお年寄りにはわからなかったかもしれない。ただ地域のためになる、何かそういう期待感があったのは事実。そして何より移住者も含めて、中心に動いたメンバーが住民から信頼されていたことが大きかった」と上村さんは語る。先人が手彫りで掘った農業用水路を活用する上で、農業協同組合という組織形態がいいということを平野さんが調べ、実に40年ぶりに農業協同組合を新規で立ち上げることになった。

そして、小水力発電事業と期を同じくして始まったのが、彰秀さんの奥さん・馨生里さんが始めた「石徹白洋品店」だ。東京で広告会社に勤務していた馨生里さんは、石徹白に移住するために洋裁の技術を専門学校で習得する。そして石徹白で洋品店を開く際に、地域に伝わってきた「たつけ」という野良着に注目をして、昔の作り方を元に現代風にアレンジをして商品を開発している。ここで作られる商品の多くは、地元の女性たちの仕事になっている。地域の文化も継承しながら、地域コミュニティの誇りを取り戻す試みとして、その趣旨と品物のクオリティに共感をして東京からわざわざ買いに来る人も増えて来ている。

石徹白では小水力発電で得られた売電収益は、出資者へは還元せず、人口流出に伴い生じた耕作放棄地を再び耕すなど農村振興に収益を還元することで、地域に新たな雇用を生み出すことを目指している。石徹白は都市部からのアクセスは難しいし、雪も深い。にもかかわらず、年々若者の移住者は増え続け、子供も合わせると地区全体の20パーセントくらいまで増えてきている。平野さんたちのIターンの動きに刺激を受けて、地元出身者も少しずつ戻り始めているそうだ。

平野さんたちが10年の歳月をかけて築き上げてきた地域住民との信頼関係、それは文化や歴史、環境といったお金には代えられない価値を大切にすることで、地域は好循環を生み出す方向へ動き出したのだ。２０１６年６月にスタートした全戸出資の小水力発電は、この地域の次の世代を見据えた確かな礎となっている。

都市と手を携え、時代を創造する地域の出現

映画の中では、平成の大合併をせず地域自立の道を歩む人口が１５００人ほどの岡山県の西粟倉村を取材している。先人が植林した森を生かしたまちづくり「百年の森林構想」を立ち上げ、その思いに共鳴した若者が間伐材を使って起業していく姿を描いている。間伐材で商品開発に成功し、年間数億もの売り上げを出している「株式会社 森の学校」、薪ボイラーを地域の温泉施設に導入することで年間約10万リットルも使っていた重油を減らすことに成功した「村楽エナジー」、使い手

が見つからなかった檜に特化して家具を作り続ける「木工房ようび」の活動などが注目されている。50年間放置されていた森が、移住者の手によって、地域経済を支える森に生まれ変わった。ここも石徹白同様に、若者の移住が増え、人口減少が横ばいになっている。

さらには、食の分野でのパイオニアとして知られる消費者団体の「生活クラブ生協」の取り組みも紹介している。秋田県にかほ市に組合が出資をして風車を設置、その売電収益を使って地域の生産者と特産品を開発した。さらに40万人を超える組合員が共同で商品を購入することで、地域経済へ貢献する風車として知られている。

現在の秋田県に建つほとんどの風車は、県外の資本により建設され、土地代以外は利益のほぼ全部が秋田県の外へ流れていくという点で、エネルギー自治とは程遠い状況が続いている。今までの消費地の都市が生産地の農村から食料やエネルギーを安く買い叩いてきた関係を是正する意味でも、現在の固定価格買い取り制度の中で、地元資本を一定割合入れることを定め、地域住民が地域へ貢献する発電事業として改善を求めることができるなどの制度改革も急務であると言える。そのような地域に資する発電事業が増えていくことで、市民の理解が得られる発電事業が増えていくのではないだろうか？

映画『おだやかな革命』は、全国の劇場での公開が終わった後、自主上映というスタイルで各地方都市や中山間地域での上映にも力を入れたいと思っている。映画上映をキッカケに、日本の地域経済の新たな動きが各地に広がっていくことを願っている。

カルチャーの語源は耕すという意味だと聞いている。カルチャーの源流は、農業から始まっている。農耕儀礼や、様々な催事にそれぞれの地域の文化が色濃く伝えられてきた。その催事を、地域や農村で継いでいくことは困難に直面している。昔から暮らしてきた地域住民だけでは維持できないこと、継続できないことが増えてきている。

しかし文化は常に、様々な交流を通して、覚醒して新しい文化へ変貌して、続いてきた。人口減少社会の中で、地域のカルチャーを継続することは、今ある形を保存するということだけでなく、移住してきた新たな人々の感性とどう交わるのか、そういう貪欲さも必要なのかもしれないと感じている。本誌で登場する女性農家や、この章で紹介した石徹白洋品店のように、農村で起業する女性が活躍しようとする今、地域の文化をどう耕していくのか、各地の事例に耳を傾けていきたいと思う。

渡辺 智史

ドキュメンタリー映画監督・映像作家。映画『よみがえりのレシピ』では伝統野菜のタネをテーマに、『おだやかな革命』では地域の変化の兆しやエネルギーによる町づくりをテーマにした映画を制作。ハワイ国際映画祭、香港国際映画祭に正式に出品している。

初めての来日時に阿蘇で地震を経験して（女子大生の想い）

北海道大学　ステラ・ウィンター

現在、札幌の北海道大学に留学し、1年間日本にいる。しかし、その前にも日本に来たことがある。初めて日本に来たのは2016年の4月であった。高校の卒業後まだ何を勉強すればいいか分からず、すぐには大学に入らなかった。その代わりに外国のどこかに行こうと思っていた。16歳の時から日本語を勉強したことで、特に日本に興味を持っていた。私の家族の友達が2人の日本人と一緒にドイツで農業を勉強していて、日本に行きたいなら、その2人の農家に泊まることを提案した。その友達の提案を受け、南阿蘇の両併で約半年、大津愛梨さんと耕太さんの家に泊まることになった。

ところが、2016年4月、日本に来たばかりの時に熊本で大地震があり、南阿蘇にも激しい影響を与えた。例えば、停電であり、水道水も流れなかった。それにもかかわらず皆がお互いに助け合った。

2つのことに忘れられないほど感動した。1つ目は停電の時、太陽エネルギーのおかげで2番目の地震の翌日、電気があったことである。停電のために家の中は早く暗くなり、大変であった。しかし、農業研修生だった山内英輔さんが持ち運びのできる太陽光パネルと、できた電気をためるための車のバッテリー、そしてバッテリーにためた電気がそのまま使える直流用の電球を持ってきてくれたおかげで、停電した日の晩には1部屋を明るくする事ができるようになった。人が小さい太陽熱集熱器を持ってきてくれたおかげで電気を作れるようになった。家の中が十た明るくなった時、電気の大切さが初めて分かった。

2つ目はある夜、近所の方がすべて愛梨さんの家に来た時のことである。1つの場所に集まり、自分の野菜を持ってきて大きな家族のようにお互いに役割を分担した。そのため食べ物は十分にあり、地震の時でも無事に過ごすことができた。

一方、都会なら、地震が起きた際、野菜などの農業産物を供給するのは難しくなるであろう。さらに、日本の都会では人が多く、同じアパートに住んでいる人も知らない場合もある。村と違い、人が自分のことだけを大事にしている。

村の人は地震がない場合にもお互いに助け合う。例えば、愛梨さんは一度約90歳のおじいさんにお弁当を作り、持って行った。また、田畑を耕す際、多くの人が手伝いに来る村の親しさは都会にも必要と思われる。なぜなら、人間は地震の時だけではなく、日常生活にもお互いに助け合うべきだからだ。例えば、足が悪い隣のおばあさんに買い物をしてあげる、隣の家に住んでいる子を自分の子と一緒に幼稚園に連れていくなどのことである。それは誰でもできるが、他の人の生活を少し高めると思われる。

他の人を手伝うことは大事であり、非常の際だけでなく、日常生活にも必要だと思われる。そうすれば、非常の際にも確かに助けを依頼できるであろう。そんな助け合いの文化が残る農村の暮らしを、私も大切にしていきたいと思う。

ステラ・ウィンター

1997年4月12日生まれ。ミュンヘン大学日本語学在籍。5人兄妹（兄、二人の弟、妹）の長女。ギムナジウム（ドイツの中学・高校）では合唱部所属。歌や箏を弾くことが趣味。将来は通訳として国際関係に携わる仕事をしたいと考えている。

耕される男

０２ファーム　大津 耕太

「土を耕せということじゃなか、あんたは心と頭ば耕すとよか」。

小学生の頃だったか、自分の名前の由来を尋ねた時の、母の答えだ。終戦後すぐに農家の長男として生まれた父は、家族に期待されながらも若い頃に病気で体を壊し、跡を継げなかった。そんな父の一文字をとって付けられた名前だった。

そんな私も結婚して20年、農家となって17年。当初は「大学出に農業ができるか！」と祖父にも反対され、「冬になったら寒くて逃げていくバイ…」と近所の人たちにも疑われていた。それが今では、あか牛を飼う叔父の全面的な支えのおかげで、まがりなりにも認定農業者として、５ヘクタール以上を耕すようになった。４人の子宝にも恵まれた。

「農業を営むことで、農村風景を創っていきたい」。そう志し、多くの方とも交流する中で、我が家のお米も買い支えていただき、たくさんの方々に応援してもらっている。「社会の礎である農業、農家がしっかりしていれば、世の中きっとよくなる」。学生の頃に漠然と抱いていた思いが、我が家を訪れる人々の反応に触れたり、東日本や熊本での震災を経験したりしたことによって、徐々に確信に変わりつつある。

しかしながら生産規模が拡大するにつれ、ついつい生産能率だけを追い求める場面が増えすぎてしまうことがある。個人や家族経営の農家の場合、自分で働いた分しか収入が得られないのが基本。天候不順や自然災害によって、働き損のくたびれもうけだって起こり得る。1日24時間、1年365日と限られた中で、より多くを生産し収入をもたらそうとするのは、家族を養うために働く者にとって、ある意味で当然でもある。流通システムや社会の大部分で、画一的かつ均質な農産物が求められていることも知っている。

そんなモノタスクで旧態依然とした「男」的な価値観を揺さぶり、常に疑問を投げかけてくる存在が妻・ERIであり、田舎のヒロインズをはじめとする様々な活動である。「生物多様性」、「再生可能エネルギー」、「ゼロエミッション」、「自宅出産」に「自然派育児」、「オルタナティブ教育」、私に向かってどんどん投げ込んでくる彼女の夢は、こちらの「効率的」な生産体系に待ったをかけ、新しい時代に向けて軌道修正を求めるものばかり。

その度に私の凝り固まった頭は耕され、多様な価値観を再認識させられ、大切にすべき農業・農村の多面的機能とはこういうことなのだ、向かうべき持続可能な社会とはこっちの方角なのだと、深呼吸するのである。

本質的にものを考えること。食べることや育てることの大切さ、自然や環境のかけがえのなさに気づき、行動を起こしている人たち。そういう「耕す女」と出会い、実現に向かえることが嬉しい一方で、私のように毎日「耕される男」たちがいるかと思うと、なんだか笑みが浮かぶのである。

大津　耕太

熊本県南阿蘇村在住、コメ農家。慶応義塾大学環境情報学部に在学中、妻・愛梨（ＮＰＯ法人田舎のヒロインズ理事長）と出会う。99年より夫婦そろって南ドイツのバイエルン州に留学し、ミュンヘン工科大学にて修士課程を修了。専攻はランドスケーププランニング。農業を続けることで農村の風景を守ることをライフワークとしている。

第3部

耕す女《ひと》—時を超えて

NPO法人田舎のヒロインズの前身である「田舎のヒロインわくわくネットワーク」が98年と01年に自主制作した文集がある。発行から20年以上が経ち、社会は大きく変わったようにみえるが、当時現役の「耕す女《ひと》」だったメンバーたちからのメッセージは今の時代、今の社会にも、色あせることなく響くものばかり。きっとこれから新しい時代や社会になっていっても、色あせることはないのだろう。その文集からの抜粋に、初代からバトンタッチされた中継ぎ世代からのメッセージを加えてここに紹介する。

夢の続き（福井県・羽生 たまき）

このモロヘイヤ最高！　たまらんわ。でも考えてみたら、姉ちゃんらみたいな暮らしがいちばん人間らしいんやろなあー。

お盆に久々に帰郷した末妹が、箸を休め真顔でぽろっとこぼす。彼女は医者だ。子どもの頃からの夢を実現させた強者である。大都会東京の一角で、病院という名の白き箱に囲われ、季節感もその日の空模様すらも遮断した殺風景な空間で、日々ひたすら命を見つめつづける。当直で夜を徹し、町が眠りから覚める頃、ようやく家路につくこともしばしば……。そんな彼女にとって、太陽の恵みをたっぷり浴びた摘み立てのモロヘイヤの甘みは、のどを潤し、渇いた体にしみ透ったに違いない。

サラリーマン家庭で育った私は、「好き」というたった二文字だけを引っ提げ、ルンルン気分でこの田舎にやって来た。我が家は兼業農家で、夫はサラリーマン。高齢の義父母をまえに、結婚と同時に就農を決意。俗に言う「嫁いだところが、たまたま農家だった」という決まり文句で、目的も夢もないまま船出した私は、未知の大海でほどなく暗礁に乗り上げてしまった。

私には、医者の妹の他に、弟ともう一人妹がいる。弟は仕事をするかたわら、夢をあきらめず音楽の道を極めている。金沢に住む妹は、憧れだった加賀友禅という伝統を、その細腕で支え、形と色の狭間で日々模索中だ。

　船舵も利かず、行き先も定まらなかったころの私にとって、夢追う人の彼らの姿はまぶしく輝いて見えた。うらやましかった。何で私だけ……とひがみもした。

　そんなある日、稲刈りの最中、ハプニングが起こった。コンバインの調子が悪く、最初の一周りの一条分だけ、籾がたんぼにこぼれてしまったのである。

　その日、夫の母は一日かかってそれを拾い集めた。シャベルのようなごっつい手で、刈り藁を除けながら実りの粒を一粒一粒大事そうに袋に詰める。いつ終わるとも知れない果てしない作業に、物憂い顔一つせず淡々と距離を延ばす。

「土はものこそ言わんが、手に掛ければ掛けただけのものをわしらに返してくれる。土から授かる恵みのなんと多いこと。ありがたいこと。その恵みの実りを、一粒たりとも無駄にはできん！」

　夫の母が集めた一粒一粒は、やがて大きなふくらみとなった。それは他のどの袋よりも大きいものに見えた。一体、私はこれまで、農業の何を見てきたんだろう。どこに触れてきたんだろう。うつむきっぱなしの義母の凛とした後ろ姿に、私は言葉もなかった。もしかしたら「農業なんか」と甘く見て軽んじた気持ちが、どこかにありはしなかったか……。夫の母の尊い姿は「生きる原点」としての農業を私に教えてくれた。

それからの私は織りなす四季の中で、自然と向き合い、しっかりと大地を踏みしめることができるようになった。季節の色香や味を身体中で感じながら、３人の子供も大きくなった。

「おっ、虫が高いところに巣作っているぞ。今年は大雪かもしれんな」

「宝慶寺の山に、湿りがかかったぞお。もうすぐ、雨がこっちに来るな」

おおらかな自然とじいちゃん、ばあちゃんの居る風景の中で育った子供たちからは、そんな言葉が自然に口から出る。春はカエルの大合唱を子守歌に眠り、秋は長い竹竿一本で柿もぎ名人にもなる。

旬を生きることのすばらしさ、大切さを妹は、モロヘイヤの色と味のなかに見たのかもしれない。今や、都会の渇いた殺風景な空間が、人の心にも巣くい、心ない事件が後を絶たない。妹の口からこぼれた言葉は、単なるつぶやきではなく、狭い空間に閉じ込められた人々の癒しや安らぎを求める、悲痛にも似たＳＯＳではないだろうか。

人間らしく生きること、そしてその空間があることはもしかしたら、最高にぜいたくなことなのかも知れない。田舎に住む我々が、それをもっともっと感じ、表現し、渇いた隣人を受け入れることが、これからの農村・農業の役割の一つだと思う。

雨上がりの夕方。百名山の一つ、荒島岳から季節外れの大きな虹が出た。それは今まで見たこともない鮮やかな色だった。ランドセルをかついだ子供たちは、歓喜の声を上げ、まるで虹のブランコにまたがっているよう。優美な光は里を夢色にすっぽり包みながら、人々の心をいつまでも微笑むように照らし続けた。

あの虹の向こうには、一体何があるのだろう。

季節外れの虹は「農村の暮らしのこぼれ話をいつか絵本や童話に仕立て直したい」という私の「夢の続き」にエールをくれた。虹が消えないうちに、私はうーんと大きな背伸びをしてみた。その瞬間、なんのためらいもなく、悠久の大地に立てる今の自分がちょっぴりだけど愛しく思えた。

いつか夢の向こうに辿り着けるよう、虹の向こう側のもう一人の自分に出会えるよう、今を大切に歩いてゆこう。

（2001年発行の文集より転載）

手作りハムで伝える、夢ある農業、農村文化（神奈川県・北見満智子）

生命の神秘。長女が昨年の夏、女児を出産した。あっという間の一年が過ぎ、育ちゆく子どもを見てきた。

私が子育て最中のときには、まったく余裕がなく無我夢中だった気がする。今こうして孫に接し、娘夫婦の穏やかに子育てをしている姿を見ながら、親の背を見て育つことを実感している。

私たち親が、子が、そして私自身がこれからの時代をどう生きていくべきか？

二度と起こってほしくない凄まじい事件を耳にするとき、身震いする。世間が悪い！　世の風潮だ！　ではすまされない。どうすれば平和な日々が送れるのか。

その昔、農村は心と心が通い合い、助け合い、現代のような恐ろしい出来事は夢にも想像しなかったこと。

少しでも懐かしい昔を思い起こし私でできることがあるとしたら何をすればよいのか？

そのようなことを考えながら純粋な心を持つ子どもたちに今だからこそ伝えたい！　と思うことを誠意ある行動から、心を込めて伝えたい。

私の住む地域は大都会横浜にあって今なお田園風景が続く農村地帯「横浜・舞岡ふるさと村」。農業が大好きで飛び込んだのとは大違いで、巡り会った夫にひかれて嫁いだ私は、「農家大好き人間」よりスタートは出遅れたと思う。が、二五年の歳月が過ぎ、養豚業界の専門的分野も一通り経験した。

四年前からこの自家産の豚肉を原料に使用して製造する加工施設と販売店舗がふるさと村補助事業としてオープンした。一頭の豚肉からこんなにもバラエティーに富んだ商品ができるすばらしさを味わい、ましては買い物にみえるお客様から、「我が子はここの製品の美味しさをよくわかり、作りがいがあります」とまで言われるとき、このような生き方のできる自分が幸せだと思う。そしてこれから育つ子どもたちに、農のすばらしさ、農を守る大切さを伝えられたらどんなに生きがいを感じることか。

横浜の市立小学校では、三年生になると、「地域の産業を学ぶ」という形で農業を学ぶ。その一つとして、養豚現場を見学し生産現場の状況を学ぶ（もちろん夫が豚舎を案内していろいろ説明する）。子どもたちが興味を持てるような文章構成のパンフレットも夜中までかかってコツコツとパソコンで作ってある（こんなこと一つでも先生に喜ばれる）。養豚現場で学び、次に製造、販売のハム工房は私が受け持つ。大きな塊肉からハムやウインナができることを話す。大好きな豚カツやハンバーグの話も、大量の添加物の使用の危険、買い物をするときに、ラベルの表示を読んで確認することなど。

先日親御さんと本人が買い物にみえ、「この子がスーパーでもしっかりと裏ラベルを読んで確認していて私がびっくりしていたら、ハム工房のおばさんから教えてもらった！」と言い、「よい教育ができる環境で暮らせるので嬉しいです」と話されていた。また、実際にいろいろな添加物を入れなくても「こんなに美味しいウインナができます！」と学期末に学校まで出向いて（もちろん主人が丹精込めて育てた豚肉と中に入れる旬の具材を使って）指導もする。豚舎見学や何回かお店に来たことのある顔ぶれとの二時間半の手作りウインナ教室は醍醐味がある。「できあがったら食べられる」その目的に、忠実に私の指導を聞きながら目を輝かせて仕上げていく八人顔負けの三年生たち。スムーズに羊腸に練ったお肉が滑り込んでいくと、そのとき力の入れ加減でパンクしてしまい、お肉が飛び出す。どうしよう食べられない！　と泣きべそ顔になる。

直るんだよ、こんなに簡単に。今ここで破れの直し方を覚えておくと、お家で作るときに慌てませんよ。少し落ち着いて気を直してきれいに修正する。この子たちがボイルしたばかりのアツアツのウインナを口いっぱいにほおばり「おいしい！」と感激の声。

「お母さんが買ってくるウインナを何気なく食べていましたが、こんなに時間がかかり手間がかかり緊張するとは知りませんでした。これからはウインナを食べるとき、豚の仕事をする北見さんのことや、美味しくて安全なものをいろいろ研究しているハム工房の人たちのことを思い出します」。

この子たちが大人になったら食べ物の基本がわかる子になれるよう、もっともっと私たちは農業の魅力を伝えていきたい。

（２００１年発行の文集より転載）

干拓問題について考える（長崎県・西村 ふじ子）

私は諫早市小野島町で農業を営んでいます。小野平野でも一番有明海に近い、小野島新地と言って、干拓によって出来た所に住んでいます。

嫁いで二十四年になりますが、そのころは、梅雨時になると、少しでも雨が強く降ると、床下に水が入る被害は、毎年のように繰り返されていました。

私が今までであった被害で一番大きかったのは、長崎水害でした。畳より二一センチ程水が上がり、雨が止んでからもどんどん水かさが増しなかなか水が引かないのです。

父から、潮がまだ押しているから、まだまだ引かないと聞き、早く引き潮になるように祈ったものです。潮が押しているというのは、潮が満ちているということです。植えたばかりの水稲が、雨が降り冠水した状態で長く続くと、腐ってしまうこともありました。

住み良い所だが

父からもよく高潮の話を聞きます。父は八十三歳で健在です。昭和二年の台風による高潮で、母と妹弟三人合わせて四名を一度に奪われたそうです。これまでに収穫皆無に近い被害を四回も体験し、その話をよくしてくれました。そして被害ほど惨めなものはないとこぼしながら、「日本の大半を廻り、見聞してきたが、小野ほど良いところはないが、ただ一つ、水害がなくなれば」と何時も言っています。本当に一日も早く干拓事業が完成してほしいと願っています。さようは将来できあがる干拓地に対して農業者として、同時に一女性として話をさせていただきたいと思います。私の周りには優秀な農家の方がたくさん頑張っておられます。皆さん規模を広げたいと思っていられますが条件のいい農地は買ったり借りたりできるところはなかなかありません。確かに山の方の農地には空いているところ、荒れているところもあります。しかし山手の棚田や、段々畑は、大型機械が入らず効率的な作業は望めません。

狭い農地を、年配の方々が一生懸命野菜や果物を作っておられる姿を見ると頭が下がるのです。先輩たちは苦しい食糧難を乗り越えてこられた方々ばかりです。少々採算があわずとも頑張っておられます。しかし、年齢を考えるといつまでも働いてくださるか不安があります。

私たち若者は先輩たちのように、狭い土地を耕し自給するのは困難です。機械化が出来る便利な農地が必要です。こんどできる干拓地は畑作向きと聞きます。

「水はけ」が第一

今までの諫早平野は大雨が降ったら二、三日水が溜まり、稲や麦以外の作物は困難でしたが、四月に干拓堤防の閉め切りが行われ、水はけがよくなり、被害が少なくなるのだと喜んでいます。現にこの前十三、十四日の雷雨で水田が三十センチあまり浸かりました。が、田んぼは堤防の外の干潟より大分低いので、大雨が降ると二日〜二日半しないと水は引かないのですが、今回はその日の三時頃には、元の水位に下がったので、潮受け堤防と、調整池の防災効果は本当だったと、夫も父も、また地元の人々も喜んでおられました。耕した水はけの良い農地であれば大歓迎です。

私の家族はいま、農作業の請負組合を作り、大型機械で効率的な作業を行っています。さらに将来は、法人化し、規模を広げたいと考えています。新しい干拓地に夢を膨らませています。

農地は皆のもの

次に女性として母としての立場から、農業の大切さについて述べたいと思います。農地は不要という言葉をよく耳にします。どういうことでしょうか?

日本の自給率の低さは、色々な報道で皆さんもよく知っておられることですが、本当にすべての野菜、肉、魚といっていいほど、外国からの輸入に頼っています。日本にないのかというとそうではありません。日本でもできる農産物を、外国から集め、外国では罪のない子どもたちが飢え苦しんでいるのです。これは日本人が世界の子どもたちの食料をかすめ取っていることになるのではないでしょうか？

日本人が輸入を少しでも減らし自給することによって飢えている子どもたちを間接的に助け、世の中のためになるのではないでしょうか？　世界の子どもたちのためばかりでなく、私たちの子どもたち、また孫たちに安全で美味しい食べ物を食卓に載せる義務があると思います。

いま、消費者と生産者が手を取り合い、先ずは諫早市から、そして長崎県でと小さな輪から自給率を高めていく必要があると思います。

田畑がどんどんつぶれ、住宅ができています。それだけでも狭い長崎です。広い土地は必要だと思います。未来の子どもたちのためにも農地を作ることは必要なのではないでしょうか？

私は幸いにしてたくさんの農業をしている素敵な友達に恵まれました。もっともっとそんな仲間が増えればいいなと思っています。しかし現実に、農業条件は厳しく、どんどん農家も減っています。それと農地が不要とであることは結びつけてはいけないと思います。私たち農家も採算性を考えれば他にいくらでも仕事はあります。縁あって農家に嫁いだのです。人々に食べていただく食料を作る使命感と収穫の喜びを味わいながら頑張ろうと思っています。農地は農家の為だけのものではなく、皆さんのもの、国民のものだと思います。

干拓の是非

農業はある意味で自然状態を変えていると思います。母なる大地は人間の都合の良いように変えることでたくさんの恵をもたらしています。農地を作りだすことは、それが海でも山林でも必ずそこに自然が作りだされることになるのです。私の家も農地も昔の干拓地です。おそらくそのときは、そこに住むムツゴロウも死んだはずです。しかし堤防の外側にできている干潟では、今でもムツゴロウが生きています。

自然を利用させてもらいながら、自然と共存する干拓は、環境破壊ではないと思います。確かにムツゴロウはかわいそうです。しかし、人間が生きていく以上、農業は必要ですし、食料確保のために人間は色々な生き物を犠牲にしているのです。干拓に反対する人々は水の恐ろしさ、災害の怖さを知らない人々ではないでしょうか。感情的にならず今一度考えてほしいと思います。最後に本当に水害を経験した人なら防災はいらないとは言えないはずです。本当に食料がなくて困った人なら農地はいらないと言えないはずです。

頭のなかでいくら「食料は大事」とか、「防災が大事」なんて考えても、実際に経験した範囲でしか人はなかなか考えられません。しかしそれでも、もう一度考えて、あれこれ言うのではなく、もっともっと長い眼で、この国の食料や防災の事を考えれば、干拓事業がどうして必要なのか、わかっていただけると思います。

（1998年発行の文集より転載）

三十路の反抗期（岡山県・小林 幹子）

今年一月、農村女性の学びの場である「おけら塾」に参加しました。

想像以上に農村女性達が自立し発言し堂々としていることに驚きました。農村女性ももっと広い視野で今、身の回りで起きている問題や情報に関心を持ち、自分の手で解決していける何かに気づいて、生活に目的を見つけたい、そんな思いをさせる会でした。

そしてあの三日間で、自分の納得のいくまでとことん話し合う姿勢に、実は一番驚きました。集団・他人との関わりの中では、多少のことは目をつむり、妥協するのが美徳であり家庭の中でも同じ原理で暮らしてきました。

今、毎日の暮らしの中での葛藤はそれなんです。自分の意見を主張することによって崩れる関係が多すぎる。それに自分の考えが本当に正しいのか、その自信を持てずにいるのです。私の人生は少しの反省と妥協、立ち直りの繰り返し…。懲りもせず儲からない牛飼いをつづけていられるのもそのせいかな。

しかしながら、今年三一歳。若いときの苦労もほどほどに、いい加減実のなる生活をしたいという欲が出てきました。

思い起こせば酪農家に生まれ育ち、娘だか実習生だか定かでない少女時代。他人の牧場で本当の実習生を体験しつつ、いつか自分の牧場をと夢を持ち続けた青春時代。いまだにそれ以上の何も変わっていない自分に気づきはじめたのです。

夫は実に分かりやすい農業を目指している。省力化・収入アップ。生活していく上での必要条件として、私もその波に乗ってきたつもりではあります。けれど、なんとなく私の思い描く農業の形とは違ってきていると思いはじめたのです。しかも、一大決心をして、投資し規模拡大の方向へ進んでみたものの、夫は相変わらず「儲からん。もうやめにゃいけん」とボヤいている。このまま、もし本当に農業から離れたら、私にとっての酪農とは一体何だったのだろう、きっと悔いが残るだろう。

夫任せの人生に不安を持ちはじめてしまった。いつかきっと…と夢を見ていたら、シワシワだらけになってしまいそうだ。

わが身を犠牲にして相手に尽くす、私のような献身的な妻を敵にまわしたら痛い目にあうのだ。自分勝手で気の短い上司（夫）に、反抗的な部下一人。

やるときはやるが、やらないときはやらない。文句を言われまいと頑張るのはもうやめて、ストライキに突入！　という新たな作戦に切り換えた。

数回繰り返すうちに、夫の方も自立し、すっかり一人で作業できる体制になってきた。この機会に、私は自分のやりたかったこと、わずかでも自分の農場といえるものを築きたいと考えています。

暮らしの中で、愚痴や不満を持たないようにする努力は、自分自身が行動しなければ解消できない。相手に求めるばかりではダメだと思う。と、都合の良い理由をつけて、自分勝手になっていく自分を少し反省しつつ、納得してしまう今日この頃の私です。

（１９９８年発行の文集より転載）

紅葉の南フランスを訪ねて（福岡県・新開 玉子）

フランスと言えば、ファッションと芸術の国と思っていた私に、フランス大好きでフランスにマンションも持つという知人に、「農家の皆さんでフランスに行ってきなさいよ」と言われた。「フランスの農家は自信満々よ。町のいたるところで開かれている朝市を見るだけでも、フランス人が農業のことや食のことを大切に思っているかわかるのよ」と言いながら、素敵な朝市の写真をたくさん見せてくれた。それからずーっと私はフランスへの夢を描いていた。その夢が三年目にして実現したのである。

11月7日　早朝

農業女性グループは福岡空港を出発し、フランスへ。ロンドン経由にてスイスのジュネーブまで二十三時間かけて、ホテルにたどり着いたのが夜の九時半。翌朝、教会の鐘の音で目が覚めた。朝食をゆっくりすませて、レマン湖に散歩に出かけた。外はわずかに小雨が降っていた。

「ほんとうにきたったたいねー」

「夢でなくほんとに外国におるとよねー」

と、レマン湖に向かって一人一人、喜びをかみしめていた。女性が九日間留守にするには勇気がいる。感動と感謝と向学心で胸の内は一杯になっていたと思う。

11月8日　九時

いよいよジュネーブを後にして大型バスは、はやる心と夢を乗せて南フランスの地方都市グルノーブルへと向かった。スイスとフランスの国境を越える頃、未明から降り続いていた雨も上がった。途中、晴れ間から見える山々の美しい紅葉の景色はまるで絵のようであった。あっという間の二時間半で目的地グルノーブルに到着。古い町並みに青空が澄み渡っていた。ここで通訳さん二人と合流。一人は田舎のヒロインの仲間である杉森さん。第二回田舎のヒロイン全国集会に参加したのが農業に興味を持つきっかけとなり、とうとうフランスまでやってきて、福岡の情報誌の記者を休職して「グリーン・ツーリズム」の勉強に一月より励んでいる。田舎のヒロインでの出会いが、また一つ大きな絆を深めようとしている。

「ジット・ドゥ・フランス」

フランスへようこそ！

南フランスでは美しい自然にかこまれた山々が多く、そこで民宿が行われている。二千五百軒のジット（民宿）が加入している全国的な組織の民宿協会連盟が、ジット・ドゥ・フランスである。その中の三軒のジットに十人は分かれて泊まることになった。フランス語はまったく駄目な私たちの試練が始まった。私が滞在することになった家は中世時代の建物を購入し、主人がこつこつと復元しているという石造り。四百年もの昔の家をと驚いていると「フランスでは古い町並みや、教会、建物を保存する精神が強く、あちこちの民家も修復して生かしている」とのことであった。部屋の中央にも、かつてワインを絞っていたところの、ワイン搾り機がどっしりと据えてあった。その周りにハロウイーン祭が演出され、テーブルにはキャンドルの炎がゆれ、テーブルセッティングの何と素敵なことか。食べきれないほどの夕食が準備されていた。接待も料理もすべて、ご主人がされてしまうのには参ってしまう。底抜けに明るいご主人は、フランス語を話せない私にもおかまいなしだ。「マダム・タマコ」と声かけられてしまうのでびっくり！　私はようやく覚えたセボン（おいしい）、メルスイー（ありがとう）ばかりをただ繰り返し使っていた。

ご夫妻には可愛い十一歳の男の子がいた。休日は二頭の馬と犬と原野を駆けめぐるとのこと。木登りも素早く、動物たちと一体になって生活している姿を見ていると、日本の子供達のことをふと考えてしまう。

こうしてジットでの滞在が始まったのである。

ワイン醸造所とブドウ園

ここでは機械も入ることのできない、山の頂上から麓までブドウ園が連なっていた。馬で耕し、人の背に堆肥を背負い、一本一本堆肥を施している姿が印象的だった。「有機栽培を売り物にはしない。おいしいワインを作れば必ず買う人がいる」と言って、出されたワインには自信が満ち溢れていた。ワインボトルにほどこされた点字レッテルの配慮にまた一つ感心した。

クルミ生産とクルミオイル作り

クルミオイルができるまでの工程を青年後継者に、熱心に説明しながら実演してもらった。ここでも高齢化が進んでいるとのことであった。しかしその一方で青年農業者が十八人でネットワークを作り、ジットとタイアップしてお互いに助け合っている。フランスもヨーロッパ統一への過程の中で、他国から流入する安価な農産物のために、価格競争がエスカレートし、コスト低減をはかるために、大型農業への移行を強いられている。

取り残される小規模農家や、山間地は、大規模農業に打ち勝つために、品質、技術、発想、努力で勝負していくんだという青年の意気込みに圧倒された。ジットに来る子供達の体験の場でもあった。日本でいうグリーン・ツーリズムである。

その他、青年農業者のネットワーク仲間のフォアグラ生産特売所、ハチミツ加工直売所、チーズ博物館など数多くの山地を見学した。その中で共通して言えることは、必ずビデオ設置があって自信に満ち溢れて説明がなされること。生産から販売まで手がけ、こだわりの商品であったこと。

11月10日

今日も三軒のジットから集合してバスに乗り込むと、ジットでの話に花が咲く。農家民宿をしている班は「朝のミルクもジャムも蜂蜜も、夕べの鶏もみんな自家製よ」と自慢気に話していた。牛も鵞鳥も鶏もかわいいうさぎもたくさんいるよ、と喜んでいた。ところが帰ってみると、可愛いNo.35のウサギは鍋の中。夕食はウサギをそのまま煮込んだものだった。あまりの驚きに「うさぎおいし、かの山…」と歌ったというから大爆笑。おまけに炭坑節まで踊ったとのこと。もう一軒のジットも訪問した。周りの古い家並みと教会は忘れられない。ここでも山ほどの栗と鳥の丸焼きが用意されていた。こうして毎日もてなされた十人のお腹は飽和状態。

バスは高速道路を走る。陸続きとはいえ、スペイン、イタリアの大型輸送トラックが列をなして行き交う風景を目の当たりにし、競争の激しさを肌で感じた。にぎやかな朝市にも胸をはずませた。ここでもスペインのオレンジ、イチゴ、イタリアのブドウと、低価格の輸入果物がたくさん売られていた。青年農業者の説明を思い出した。「自分の国の食べ物は自給するのが当たり前だ」この言葉をしっかり日本にもって帰りたい。

農業研修の狙い

一九六〇年までは今の日本のように自給率が低かったフランスが、一〇〇％の自給率はおろか、輸出国に転じている。しかも国民の大半が農業を国の礎として守っていこうとする精神はどこにあるのかこの目で、この体で感じ取りたいという思いからだった。

見渡す限りの紅葉したブドウ園、クルミ園、果樹園、牧場は果てしなく美しい。フランスの気候風土にあった農産物は誇らしげに守られている。国全体に広がる美意識が、美しい自然を守り、素晴らしい芸術家も生まれるのだと通訳さんに聞いた。しかも、フランスの農業者はきちんと主張ができる。

日本も農業によって育まれた四季折々の風景や、食文化や、人間性、伝統と、どの国にも負けないものがあったと思う。経済的豊かさを追い求める影に、多くのものを失っていったが、農村にはまだまだ残っている。これからの農業女性の役割が見つかったような気がする。この南フランスの地で。フランス語も話せない一〇人旅がどうなることかと心配していたが農業を通して、強くひかれるものがあった。たくさんのものを見て学んだ。しかも大きなお土産ができた。

11月9日（日）の日刊紙に掲載

「ドーフィネ」という新聞が写真入りで私たちの研修を取り上げてくれた。その新聞記事の最後にこうしめくくってあった。

「彼女らはここで過ごした日々に魅せられつつ去って行く。そして帰国後はプロバンス南部の大使となられることでしょう…」。

研修の後、地中海リゾート地、アルル、ニース、コート・ダジュール、モナコへと足をのばし、南フランスを満喫した。研修した一人一人が、こぼれる笑顔で迎えてくれた、明るいフランスの農家のようになることを願っている。

「メルスイー・フランス」。

（1998年発行の文集より転載）

藺草（いぐさ）を織る（熊本県・星田真理子）

しゅっしゅっしゅっ。霧吹きをあてる。朝日が差し込み、手元の藺草に反射して眩しい。またしゅっしゅっしゅっ。適度な水気を帯びた藺草を、動力の機械にのせ、一台一台稼働させてゆく。穏やかな光の中、一日の仕事が始まる。一本一本針によって送り込まれた藺草は、縦糸に馴染みだんだんと畳表が織り上がっていく。縦糸と藺草で織りなす美しい畳表の面。固すぎず、柔らかすぎず、程よい弾力の充実した藺草、粒のそろった良質の藺草が、よりその美しさを増す。織機の針が、藺草を運ぶときその素材を十分に発揮できる状態に、乾燥した藺草で加湿する。水分が足りないと藺草の膨らみが未熟で、畳表の面がざらついてしまう。多すぎると藺草の光沢をそこなってしまう。当然雨の日、冬場・夏場とその日の天候、季節でも違ってくる。また、一枚一枚の田んぼでも、それぞれ藺草は微妙に違う。約一ヶ月に及ぶ収穫の時期でも、早刈りのものと遅刈りのものとでは違ってくる。どんな条件でも安定した質の揃った藺草を得る技術、織る技術を得たい。思うようにいかない仕事、思い通りにいかない経営、そして夫（!?）。聞く耳を持たない彼は、いっそのこと止めてしまおうという私の言葉に、「すごかぞ！　やっぱおもしろか、藺草はすごか！」という。幸せな人だと思った。

藺草という植物を、泥染めすることにより、畳独特の風合いを醸し出す。遠い遠い昔の人々は、なんて繊細で、豊かな感性と優れた五感を持ち合わせていたのだろうかと思わずにいられない。四季の変化に富んだ日本の気候風土の中で、かつて先人たちは、より快適に生きるための知恵や工夫を、自然の中から学んだことだろう。そこにある自然と、そこに生きる人々は、常に共にあったのだと。ありふれた足元の自然、繰り返す自然の営みが鮮やかに目に映って、活かされているのだと思った。より快適な生活、その快適さも時代とともに変化し、生活様式も変わってゆくことは、人がより快適さを求め続けてきた結果なのかもしれない。ありふれるほどの快適な便利さの中で、古くから日本人に親しまれてきた畳が今に続いてきたことを考えると、すばらしく完成された敷物だと思う。ひっそりとけっして目立たず、それでもプライドを持って生きつづけて来た畳。靴を脱ぎ、ごろりとくつろぐひととき、有り難い。

春も近づき、藺草もそろそろ芽吹きはじめるまわりの草や木々と同様に色づきはじめる。十一月から十二月の寒い時期、しろかきされた水田に植えつけられた藺草の苗。一反に約三万五千株から四万株の株分けした苗を植えてゆく。寒い冬に耐え、土のなかで根を張る藺草。水もぬるみ、地温も上昇し、暖かくなった四月も後半頃、たて伸びしはじめた藺草を、株下に光をより多くあて、養分を長藺の芽ぶきに与えるため、地上四十五センチ位で先刈りをする。収穫四〇日前に芽吹く藺草は、畳の良質の藺草となり、九十五センチの畳幅に贅沢に織り込むことができる。より多くの長藺収穫するための根作り、土作りが大きな課題だ。六月に入ると、芽吹いた藺草も伸びはじめ、周りは薄緑色の藺草のジュウタンと化し収穫間近を迎える。風が作る藺草の波、太陽が反射して、きらきらと銀白色に輝く。その風景も今年はだいぶさみしいものとなるくらい、作付けが減少している。米や田の作物同様に、藺草も外国産の影響を受けている。

藺草を刈り取るときの匂いが好き。刈り取った藺草の田んぼに寝ころんだとき、ひんやりするのが気持ちいい！　と女たち。子供たちも成長し、再びこの地に立ったとき、この素敵な風景をこのままにしておくことができたらと思う。かつて先人たちも見たであろうこの風景を……。そして彼らに少しでも近づくことができたら。

今日もまた、しゅっしゅっしゅっしゅっと、霧吹きをあてる。

（２００１年発行の文集より転載）

「かまど」の教え（愛媛県・稲本 康子）

我が家には、先代から受け継いだものがたくさんあります。築八十年の母屋をはじめとして、牛小屋や田畑や山々等が、手に入れたときの苦労話と共に財産となっています。東京から四国の山の中に嫁いでそろそろ一九年になります。形あるものだけでなく、暮らし方、農家の技、地域の力、智恵など、生きるために大事なことごとを受け継ぎ、教えてもらったりして、都会では手に入れることができないものばかりです。

いつの頃からか、これらのものを私は誰に伝えていくのだろうかと思い始めました。うちに高校二年と中学一年の息子たちがいます。この二人には絶対に伝えていかなければいけないが、どこまで受け継いでくれるだろうか。もし娘ならばもっと分かってくれるだろうか、などと思ってしまいます。

考えてみれば私も「改良」と称していろいろ変えてはきました。より便利にと変えてきたことは資源消費型の暮らし方になっています。忙しい中、効率優先の生活はある程度は仕方のないことなのかもしれませんが、自制心を持っていないと田舎で暮らす意味がなくなってしまいます。

私にはどうしてもなくせなくなっているものがあります。それは「かまど」。古びた土間に、二つ口のかまどがあり、お釜を載せて毎日薪で炊いている。「始めちょろちょろ中ぱっぱ……」の通りにすると、美味しいご飯が食べられます。それだけでなく火を見ることができます。火や炎は不思議な力を持っています。今流行の癒しの力があるようで、火を見ていると心が落ち着いてきて、イライラや怒りを忘れさせてくれ、元気が出てきます。こうして女性たちは、昔から火を燃やすことによって、明日への力を再生産していったのではないかなどと思ってしまいます。

我が家に来るホームスティの外国の人や援農の学生たちも、かまどの側へ寄ってきます。火のある所はやはり中心です。誰もがお釜のふたを取るときは歓声を上げる。そしてアツアツのおにぎりを頬張るときは、皆「お米って美味しいね」です。とても幸せな時間です。

「かまどで、ご飯を炊くなんて、そんな時間なんてない」という人が多いのですが、来訪者には、皆に炊いてもらいます。少しの剪定した枝木と時間でご飯が炊けることに驚きます。「もっと大変かと思った」「こんな少しの木で炊けるなんて」「電気釜よりずっと早い時間で炊ける」などなどかまどについての誤解はいっぱいです。

誰でも簡単にできるのですが、薪が湿っていたり、焦って燃やしたりすると火がつかないこともあります。火加減を覚えるまでちょっと時間がかかりますが、慣れてしまったら子どもでも十分できます。忙しいときは子どもや夫の仕事になります。一人でてんてこ舞いをしているときは電気釜を買おうと思ったこともありましたが、かまどこそが暮らし方の砦みたいで、ここを崩すと暮らし全体が崩れてしまうような気がして守ってきました。

山の中で都会と同じように暮らしたっていいのですが、私がここで暮らしている意味は、ここでなければできない暮らし方です。ご飯や風呂を薪で炊いたり、食べ物は自分で作り加工する暮らし方です。そのことによって、健やかに心豊かに暮らせるからです。

環境の問題が大変なときになっています。でもちょっと前の暮らし方、特に農家の暮らし方は、ほんとうに地球に優しい暮らし方でした。何十年も前に戻れとは時代錯誤かもしれませんが、新しい世紀の前には、やはり立ち止まることも必要ではないのでしょうか。

世の中、生産性と効率、利便だけを追求してきたツケが今きています。自分の暮らしだけでも足元から見直していかなければと思います。

（２００１年発行の文集より転載）

柚餅子（ゆべし）とともに二十三年（長野県・関 京子）

長野県の最南端の天龍村坂部は、温暖な気候に恵まれ、春一番に特産の竜峡小梅の花がほころび、初夏には茶摘み、秋には柚子が黄金色の実をつけます。

今でこそ、女性による農産物加工や販売は女性の起業としてもてはやされ、県下各地で盛んに行われていますが、未知の分野に挑戦し、その草分けになったのが「天龍ゆべし生産組合」です。昭和四五年、心の支えを求める若妻十人で生活改善グループ「あゆみ会」は結成されました。

坂部には国の重要無形文化財の冬祭りがあり、伝統的な食文化も残されています。特に「柚餅子」は、武士の携帯食として作られ、現在まで冬の保存食として細々と受け継がれてきました。柚子の中身をくりぬいた皮に、みそ、くるみ、砂糖と小麦粉をまぜたものを詰め、蒸して三ヶ月かけて干し上げます。

柚子の風味と深い香りに大きな感動を覚え、グループで試作品を展示販売したところ、「来たりものの嫁たちが勝手に柚餅子を売り出した。嫁に柚餅子の味がわかるものか」と周囲からの反発や、生活改善グループが経済活動をすることへの批判が相次ぎました。

ところが、正月気分が抜けたある日、東京の高級日本料理店より一千個の注文が舞い込んだのです。

さあ大変です。許可のある加工施設を建設しなければなりません。資金や敷地などの問題に、夫婦同伴で毎晩のように会合を重ねました。若妻たちの熱意が夫たちを動かし、一五戸三〇人で「ゆべし生産組合」が結成され、国や県の補助事業を受けた加工所が昭和五二年の春に完成し、本格的な活動がスタートしました。

しかし、道のりは決して平坦なものではありませんでした。柚餅子という説明のいる商品で、東京のデパートでの販売は恥ずかしさに声も出ず、一日中立ち通しの辛さを体験しました。また、飯田の街中を柚餅子を背負い、足を棒にしてやっと一軒の土産物店で取引にのっていただくなど、厳しい状況が続きました。

限られた季節商品ゆえにコストも高く、一品だけでは売り上げも伸びず、赤字は増えるばかり。食品工業試験場等関係機関の指導を受け、柚子味噌、柚子ジャム等年に一品ずつ商品開発できるよう心がけてきました。今では商品も二五品種に増えています。

材料代、賃金等の支払いもままならないときもありましたが、マスコミに大きく取り上げてもらったため、全国各地から視察者が訪れました。また、女性による起業活動が珍しく、県知事や、農林水産省はもとより自治省、国土庁、運輸省、通産省等からも視察に見え、注目を集めたものです。

205　第3部　耕す女──時を超えて

県下各地で様々なイベントが行われるようになると、女性による起業活動も盛んになってきました。ゆべし生産組合の販路も増え、売り上げも目標に近づき、月々の支払いや組合員旅行の余裕もできるようになり、やっと長年の苦労が報われる思いでした。

天龍村は高齢化率四〇％の村です。ゆべし組合のメンバーも人生のベテラン揃いになりましたが、元気でいきいきと暮らしています。過疎を逆手に取り、二三年間で養われた人脈を活かし、全国の仲間と様々なネットワークを作り活躍の場を広げています。

後に続く「新芽の会」の若手リーダーの活躍も期待できます。自分たちの足元を見つめ、地域の自然・産物・人・文化にこだわった活動を続け、天龍村が都会の人たちの「いやしの場」になればと夢を広げています。

（２００1年発行の文集より転載）

ヒラタケの恩恵（静岡県・望月玉代）

私が、自身の仕事であるヒラタケ栽培業に携わって、すでに二四年の歳月が流れた。栽培面積がたったの五十坪という、恐らく日本一小さいであろう農園が、これまでに私の生活の大部分を占めてきた。この小さなスペースが、私たち家族に与えてくれた恩恵は、それはそれは大きかった。

肉体的にも経済的にも大変な時期、夫を不慮の山岳事故で失った私は、母子家庭として二〇年近くやってきた。最も救いだったのは、子供たちの笑顔とともに、この仕事が天職とも思えるほどに、私にはこの上ない職業に思えたことだった。

まず、オガ粉に麩と乾燥オカラと豆皮を入れて練り、ポリプロピレン製の瓶に入れて殺菌釜で消毒をする。一〇〇度に設定して七時間ほど蒸したあと、釜から取り出して、植菌室で冷やし、翌朝種付けをする。その後、培養室で三〇日近く寝かせ、菌掻きをして芽出し室で一週間、さらに育成室で一週間を過ごして、ようやく出荷体制となる。摘み取ったばかりのヒラタケを、出荷先のスーパーや小売り用に包装する。瓶の中の掻き出した屑は、肥料として有機栽培農家へ引き取られるので、環境に適って、しかも無駄がない。

毎日がほぼこの繰り返しであり、煩わしいことなど考える余裕もなく、次から次へと仕事が絶え間なく押し寄せてくる。幸いなことに、無農薬有機栽培でもある我が家のヒラタケは、年を追うごとに口コミで近隣へ伝わっていった。今では数百軒の顧客を抱え、贅沢さえしなければ、普通に生活するのにいささかの支障もない。

この長い年月を、ただの一度も仕事が嫌だと思ったことのないのが、たった一つの私の誇りともなっている。

この秋に、私はとても嬉しい体験をした。新幹線の富士駅で、芝川町と商工会の後援で、町の特産品を販売したときのことだった。

「これ、これ！　これが欲しくてきたのよ」

一人の中年女性客が、目を輝かせながら、私が販売しているヒラタケを指し示した。

「去年も買ったんだけど、とってもおいしくてねえ。こんなに新鮮なのは、スーパーには売ってないのよ」

生産者にとって、なんと嬉しい一言であったことか。これまでの長年の労苦が、一気に吹き飛んでしまったように感じられた。

二一世紀。私たち大人が、時代を託す子どもたちに残せることは一体なんだろうか。

たとえ時代がどんなに変わろうとも、やはり私たち生産者は、安心して食することのできる農産物を、消費者の手元に届ける努力を怠ってはならないと思う。いい物を作って、安心して食べていただく姿勢こそが、農業者本来が保たなくてはならない、真摯な心そのものではないだろうか。

このことを踏まえながら、私自身は常に変わることなく、二一世紀もヒラタケ一筋に、邁進して行きたいと願っている。

（2001年発行の文集より転載）

異国より友きたる（埼玉県・尾崎 千恵子）

「ウエルカムトウジャパン（ようこそ日本へ）」と出迎えの私。

「こんばんは！」と片言の日本語が戻ってきた。

「こんばんはじゃないわよ。まだ明るいからこんにちはよ、グラハム」

「千恵子は二七年前とちっとも変わっていないね」

新座駅で待ち合わせた私たちは久しぶりの再会にしっかりとハグ（抱擁）をした。

「グラハムだってファーマーぶりが板についたって感じね」

「覚えてる？　オリエンテーションを受けた大学の寮で写真を取り合ったことを」

「もちろん覚えてるわ」

「君がイギリスのアンに着物を着せたら、ゲイシャガールになったってはしゃいでいたっけ。イタリア娘のファイオレーラ（英・フラワー↓日本語で花子さん）もゆかたがよく似合ったね」

思い出話に、つい昨日の出来事のように花が咲いた。実は私たち、一九七二年度の国際農村青年交換生同期生である。世界二十三カ国から四九名の交換生がコロラドのデンバーに集まり生活を共にした。

この事業は一九四七年、アメリカ4H財団が自国の4Hクラブ員をヨーロッパ諸国に派遣し、それらの国々から同数の農村青年をアメリカに招いて滞在させたことによって始まった。この背景には、一九四五年に集結した第二次世界大戦への深刻な反省の上に立って次のような考え方があった。

戦争を防止する有力な手段として人と人の交流を地球規模で盛んにすること（People to People)、他国の文化と人々の心情をよく理解すること(Heart to Heart)、そのためには、その国固有の文化が温存されている農村を訪れるべきであること。そして純な魂を持つ青年に他国の生活・文化を体験させ、草の根レベルの交流親善に資すること(Grass-root Ambassador)である。

日本は当時の日本4H協会がこの事業に呼応して、一九五三年、初の交換生二名をアメリカに派遣した。一九六八年から十一年まで台湾とも交換があった。一九八三年でアメリカとの交換が取りやめになり、現在、全国農村青少年教育振興会が韓国およびオーストラリアと農村青年の交換事業を行っている。

最近、全世界的に元派遣生たちの組織化と活動が活発になっており、二年ごとのアジア大会、五年に一度の世界大会が開かれている。

アジア大会はフィリピン、台湾、韓国、日本、インドネシアで開催され、世界大会は、アメリカ、スイス、ニュージーランド、フィリピン、イングランド、台湾そして再びアメリカで開催された。

日本で4Hクラブとは農業後継者の集まりであって、日本の4Hクラブを代表して交換生になることは、将来必ず農業者として生きていくことを条件づけられたようなものであった。しかし本場アメリカの４Ｈクラブとは、農村部の少年少女たちを地域をあげて健全に育てよう という社会教育運動であり、その実践組織であった。世界規模でいう農村青年というのは４Ｈクラブで育った青年たちのことであり、彼らは必ずしも農業者もしくは農家の後継者ではなかった。

そんな同期生四九名の職業はまちまちであった。ニュージーランドのグラハムとバーバラはヤングファーマーズの代表として派遣された数少ない農業青年であった。日本から派遣された山形の青年はりんご農家、私は福岡のみかん農家の出身であり、同業者の彼らとなぜか親しみが湧きお互いに部屋を行き来した。

グラハムはニュージーランドの南島カンタベリー平野で、麦、飼料作物や種子作物を二九〇ヘクタール栽培している。もっと規模を拡大して息子と共に農業で安定収入を目指したいという。

今回の彼の目的は友達ディビットと共に車のオークションへの参加だった。二週間かけて関西、東海、関東をまわり二六台の車を競り落として幸せだったらしい。

ディビットは酪農家兼車のセールスである。一昔前までは農家もよかったけれどねという。

「私も以前本で読んだことあるわ。ニュージーランドでは農民は最高の職業のひとつだって」

「それは過去のことさ、今では労働者の方がいいよ」

「へえー。ニュージーランドでも事態は変化しているわけね」

「でもグラハムは息子と共に農業をやりたいと思っているよ」とディビットが付け加えた。

「ねえグラハム。あなたの収入と奥さんが先生をやって得る給料はどちらが多いの?」

「もちろん、僕の農業収入さ」

「ところで千恵子の子どもたちに会うのを楽しみにしてきたんだけど何してるの?」

「長男はこの春からカリフォルニアの野菜農家で実習中よ。来年帰国したら、私たちと一緒に農業をやるだろうと期待しているわ」

「僕のホスト州もカリフォルニアだったよ。思い出すな、二七年前を……」

「長女は絵が大好きで美術大学へ行っています。サークルでオリジナルのTシャツを作って売るとかで毎日帰りが遅いのよ。次男は宮崎大学の農学部へ進学したわ。バイオテクノロジーがやりたいんですって」

「宮崎って九州の?」とディビットが聞く。

「ええ、南国宮崎よ」と私。

「とてもいいところですよね。私も何度か行ったことがあるけれど、九州大好きです」

「私も九州出身なのよ。だから次男が宮崎に行ったら、実家の両親がとても喜んでくれて、一緒に入学式に参列してくれたのよ」

「ふうん、親孝行なんだね」

「ところでグラハムの子どもたちは何になるの？」

「長男は今大学で農業貿易を専攻している。長男は八月に二十一歳になったんだよ。それで百四十人もの人々を集めて成人式みたいなものをやったんだ」

「へえー、そんなにたくさんの人がどこに集まったの？」

「我が家の納屋さ。日頃は汚い仕事場を掃除してテーブルや椅子を借り、白いテーブルクロスをかければ素敵な催し物場に変身したよ。パーティーは大成功だったよ」

そう言いながらグラハムは家族五人で写った写真を披露してくれた。

「次男は飛行機に興味があって、航空エンジニアになりたいと言っているよ。末っ子のキャサリンは科学の博覧会で賞をとってね。きっとサイエンスの方へ進むと思うよ」

「ふうん。みんな自分のやりたいことがしっかりあるんだ。子どもの成長って早いわね」

おしゃべりはつきない。まだまだ続く……。

グラハムとディビットは私たちの農産物直売所をのぞき、生産者が直に販売できるのをうらやましいと言った。ニュージーランドは三百万人の人口である。全就業者の四％にあたる約七万人が農業に従事している。にもかかわらず、輸出産業の中で農産物の占める割合は六十％にもなる。肉、羊毛、ミルクが主なものである。残りの二十五％が森林資源、十五％が工業製品となっている。

ニュージーランドは人口が少なく、国内市場が小さいため、いろんな農産物の新製品を開発して輸出拡大をはかろうとしている。

梨も富有柿も栽培しているよというから、えーと驚いてしまった。でも彼らが新座駅のすぐ前に広がるキウイフルーツ園を見て、びっくりしたから同じことかと妙に納得した。我が家の里芋、大和芋、ごぼうの畑を見て、どうやって掘るのとか、どうして草がないの、と質問攻めにあった。

「草はちゃんと手で抜くのよ。最近は外国から来た雑草が多くてね、それがすぐ実をつけてこぼれるものだから、草退治には手を焼いてるわ」

「この小さな草、葉の裏が紫色で横にはうように広がるのはオーストラリアから運ばれたと聞いたんだけど知ってる?」と私。

「いや、初めて見たな、こんな草」という返事。

「ニュージーランドへおみやげに持って帰ってもいいわよ」とからかった。

「ノーサンキュー。草はごめんだよ」

でもこうやって多くの人々が地球上を歩き回ると、靴の底についた草の種があちこちに運ばれ広まっていくのかもしれない。

「千恵子、いつか僕の農場へもいらっしゃい。今度は僕が案内してあげるよ。クライストチャーチの飛行場から一時間のところに住んでいるからすぐ迎えに行くよ」

「ありがとう。バーバラやオーストラリアのブルースにも会いたいわね」

「バーバラの家にも連れてってあげるよ」

「彼女、今何してるの？」

「もちろん農業やってるよ。二人の男の子のお母さん」

それから同期生の近況報告が続く。四九人の仲間たちは世界のあちこちで活躍し、お互いに結婚したカップルもいれば、訪ね合って友好を深めてもいる。グラハムは英語圏の友達と気楽にEメールやクリスマスカードの交換を楽しんでいるとのこと。次の世界大会はスウェーデンよ。五年後にまた参加できるといいわねとお互いに希望を語った。

昨年、私は幸運にもアメリカで開催された世界大会に子ども二人と共に参加できた。二六年ぶりにホストファミリーを再訪し時の流れの速さを感じた。私の貴重な体験を子どもたちに伝えることができ、これでいつ死んでも悔いはないと思った。観光白書によれば、九八年に日本にやってきた外国人は四百十一万人、日本から海外旅行に出て行った人は、千六百万人。四分の一しか来日していないことになる。私はお世話になったホストファミリーに日本へ来てもらい日本をもっと知ってもらいたいと思う。喜んで受け入れをしたいと思う。

さて、さっそく七月一一日には我が家で国際交流のイベントを開こうと計画中である。その名はカレーパーティー。畑でジャガ芋を掘って、庭でカレーを作り、みんなで食べようというねらいである。今は新座近郊に住む人にしか呼びかけはしていないが、いずれは遠方にも招待状を出そう。

グラハムからお礼のファックスが届いた。

「真夏の日本（三十度）から真冬になるところのニュージーランド（六度）に戻りショックだった。でも日本の経験はすばらしくてワクワクしたよ」と。

いずれ私の子どもたちが彼の国を訪れることだろう。そしたら再び彼の子どもたちも日本へ呼ぼう。温かいコミュニケーションが次の世代に引き継がれることを願って……。


（2001年発行の文集より転載）

都市農業を支える元気な女性達（東京都・白石 俊子）

「田舎のヒロインわくわくネットワーク」時代に出会った、全国にいる多くの人達の活動や生き方、考え方から学んだこと。そして新生「田舎のヒロインズ」に移行してからも知ったこと、学んだこと。これらのことをいかに自分の仕事や地域に活かしていけるか。全国集会やSNSなどで目や耳にする度に、正直「私は何もしていない。何をしたらいいのか」と思い焦っていた。でも淡々と日々の仕事をすること、行事や祭事などを大切に思い守りながら暮らしていくことが、日に日に減っていく都市の農家ではまず大切と考えることにしていた。

そのような私にも3年前、「田舎のヒロインネットワーク」から学び、経験してきたことが地域で活かせることが巡って来た。それは、練馬区がマルシェを開催する団体を応援する事業を始めるという情報だった。将来、高齢化していく練馬区内の買い物難民地域へ車で移動販売をするのが夢だった私。拠点拠点を回って旬の野菜を販売しながら、情報交換をしたり、たわいのないおしゃべりをする。そのことが農家と消費者、買い物に来るお客様同士の小さなコミュニティになれたらと考えていた。「個人で移動販売をやるのもいいが、とりあえずみんなでやってみたら楽しいし面白いかもしれない。しかも女性達だけで」と、この「マルシェ事業」に取り組んでみることにした。

直売マップ片手に区内の農家女性達の家を一軒一軒訪ねて回り、集めた仲間が25人。そのうち気心の知れた7人が中心となり「ねりまde女子マルシェ」と名付けて活動を始めた。2年間で女性達を中心に農家、飲食関係、手作りの雑貨屋さん、その他福祉団体、図書館や消防署なども巻き込んで開催する大きなマルシェを6回、駅近のコンビニで行う月2回の小さなマルシェ、他にも色々なイベントにも出店する団体となった。

直売農家が多い都市農業地域の練馬区。JA主催の農業祭や収穫祭も多いが、販売は直売組合に名を連ねている男性中心、女性が出て行くことはほとんどない。女性達が自分や家族が作ったものをマルシェで自ら販売することは、仕事という目的で外へ出て、消費者や仲間と直接集うことになる。そのことは、私が「田舎のヒロインわくわくネットワーク」との出会いによって色々学んだように、何かを考える機会になるはずと思っている。

元気な都市農業には、元気な女性達がいること、必要なことをアピールしていきたいと考えている。練馬区は、来年「都市農業サミット」を開催する。農業の現場から一番遠いと思われがちな都市において、まだまだ農地が残っているこの練馬区から、農家女性としてこれまでの経験や出会いを活かした発信をできたらと考えている。

（2019年執筆）

農業をする自分が好きですか（長野県・田中泉）

夏のある朝、いつものようにパソコンに向かって注文メールをチェックしていると、援農の女子学生の大きな声が聞こえてきた。「あっちゃん、ちょっと来て！」呼ばれた男子学生が、慌てて部屋から出てきた。「洗濯物にティッシュが入っていたでしょ。もう信じられない！」外にある二層式の洗濯機の前で、あっちゃんは平謝り。その後全力で洗濯物をパタパタしたので、洗濯機の周りはあっという間にティッシュだらけになった。昨日出会ったばかりの２人が、汗まみれの洗濯物を一緒に洗って、叱ったり叱られたりしている、なんと微笑ましい光景だろう。援農の若者たちを受け入れ始めて今年で23年が経ち、これまでに延べ約１０００人との出会いがある。私たちの中にはいろいろな自分がいて、それを使い分けて生きているが、どれも本当の自分である。仲間と一緒に農作業をして、エネルギーを発散する。ここに来ると好きな自分でいられるから心地よく、次のステップへと進むエネルギーを充填できると、若者たちは集まって来る。

ランク付けされ刺激の多い都会での生活より、自らの総合力を試せ、生きている実感のある田舎暮らしに憧れる若者が、近ごろ増えていると感じる。そんな若者たちの関心に応えるロールモデルを、農業を軸として提供していきたい。しかし田舎はどんどんやせ細って体力がなくなり、若者たちを受け入れられるタイムリミットが近いと感じる。どうしたらよいのか。事態は急を要するが、モダニティに合わせ、大事なものまで変えてはならない。変えないためにもいかに新しいものを取り込んでいくか、その判断が重要であるが、鍵は多様性にある。

よく言われる強い農業とは、お金儲けが上手な農業のことである。しかし本当に強い農業とは、多様性を有する農業である。多様性を活かすと生産効率は悪くなるが、それを含めこれこそが自然災害や病んだ地球・社会・人の心など、様々な危機を回避できる本来の農業である。魂に刻み込まれた知恵、技術や経験が活かされる強い農業をとおして、自然や人間の生命の営みがこの地球をつくっているのだと、みんなが再認識することができる。これが高齢化が進む定常化の時代において、持続可能な新しい社会へとソフトランディングしていく突破口となる。国と国の間でも隣近所の間でも、対立するものをより大きな価値観で統合することは難しい。立場の違うそれぞれの人があるひとつの側面で共感し、理解を深めていく。こうして草の根から融合を図り、和解していくしかない。そのためには、多様であることが大前提である。私たちが多様であれば、出会う一人一人と好きな自分で交流することができ、その結びつきが相互理解を生み、平和への道を切り拓く。多様性を尊重するために変わること、を恐れてはならない。多様性を大切にした日々の農作業の中で、多様な自分を育てる。それが「農行」であり、実に奥深く楽しいものである。

（２０１９年執筆）

我が家は農家　こんな農業しています（埼玉県・小林優子）

私が、いわゆる農家の嫁になってから35年が過ぎた。さいたま市のはずれ、サッカー場さいたまスタジアム２００２の近くで17代続いている農家。35年を振り返ってみるといろいろなことがあったが、自分で言うのもなんだがいつも一生懸命やっている私がいる。

私の実家は、鮮魚青果店をしている。お店に来るお客様から、お見合いを勧められ夫と出会った。実はお見合い当日、夫は1時間以上も遅れて来た。それまで私は夫の父と話をしていた。夫が来たときは食事も済んでしまい、挨拶を交わしただけ。夫が車で私の家まで送ってくれることになった。夫が遅れて来たのは、当時、農業高校の教諭をしていた夫は3年生の担任で、休日しか会うことのできない父兄がいたため、家庭訪問で進路などの相談をしてきたからのようだ。車の中で私たちはお見合い。家に直接帰らずドライブに出かけた。帰宅したときには夜10時を過ぎていて私の両親は心配していたことだろう。

縁とは不思議なもので、お互い何が良かったのか、会ってから1年もたたずに結婚。晴れて私は農家の嫁。夫の両親は農業をしていたが、夫が勤めていたためか、私に農作業を手伝ってくれとは言わなかった。しかし私の両親はそうは考えていなかったようで、結婚前に夫の家の農作業を手伝ってくるようにと。私は夫の家に行き稲刈りを手伝うことにした。田んぼには、夫の母が運転する耕運機リヤカーで行き、帰りは刈り取った米を積んできた。これが大変。袋取りで、1袋だいたい30キロはある袋を上げ下ろしする。それが、初めてなのにできてしまった（ちょっと頑張ってしまいました）。そのことが夫の両親を期待させてしまった。これなら農作業をやってもらえるのではと。

農作業だけでなく、私の両親は懇意にしていた近所の農家さんに料理を教えてくれるように頼んだ。土間の台所で食事の支度・かまどでのご飯・おかず・小麦饅頭・しんこ餅・赤飯などの作り方を教えてもらった。「農家のお嫁さんって大変よ。大丈夫？」と心配していた。そんなことで農家の仕事を何も知らない私だったが、なんとか今までやってこれたことに感謝。

結婚後、私の仕事は食事の支度・洗濯・掃除等々・そしてもうひとつ子供の世話。夫の妹の子供（当時2歳）が一緒に暮らしていた。だから私は農作業をしなくてもよかった。でも私はその子供と一緒に野菜の収穫・田んぼにも一緒に行った。もちろんろくなことはできないが、一緒に話しながら、農作業を見ているだけでよかった。そんな私の子育ては長女が生まれてからも変わらなかった。第2子の長男が生まれた頃、そんな私のことを思ってか、夫が学校を辞め農業をするように。夫が農業をするようになってからも子供たちを田んぼに連れて行った。農業機械も、どんどん新しくなり、袋取りのコンバインからグレンタンクのコンバイン。袋を担ぐことがなくなり楽になった。

子供たちも成長し、小学生になるとお手伝いをしてくれた。野菜苗ポットの土詰め・クワイの調整作業・選別・箱折り等々。もちろんいたずらも。藁が積んである上に登り飛び下りる。稲の種まき土の積んである上から滑り下りる・代かき前の田んぼに入り泥遊びをする。怒りたいけどその姿を見ていると笑ってしまう。怪我をしなければよいかと思ってしまうのだ。ただお友達を連れてきて一緒にやるので、お母さんたちには申し訳ない。でも苦情を言われたことはなかった。子供が楽しいならそれでいい。そんな感じ。

長女が小学2年生の時、生活科という科目ができその授業で農業体験を受け入れることになった。その後、クワイのバケツ栽培・クワイ田んぼの見学等も授業で行っている。農業体験学習はそれからずっと続けていて、親子2代でという参加者もいるようになった。

小学生だけでなく、東京都内にある大学・市内の保育園の農業体験学習受け入れをしている。保育園児も小学生も大学生もみなさん同じ。その様子を見ていると嬉しくなる。みんな、楽しそうに農作業をしているからだ。

農業体験学習だけでなく、夫といろいろしてきた。変わったところでは、クワイのオブジェを作ったり、東京銀座の天空農園でのクワイ栽培・歌作りなどかなあ。農作業をするだけでなく、たくさんの人たちと知り合い話をし、いろいろ学ぶ。田舎のヒロインズもそのひとつ。

農作業で田んぼに出かけたとき、声をかけてきた人がいた。「小林さんですよね。僕が小学生のとき、農作業をずーっと見ていたら、小林さんが僕にトラクター乗る？　と声をかけてくれて乗せてくれた。現在、田んぼを借りて米作りしています。あのとき、トラクターに乗せてもらって本当に嬉しかった」と話してくれた。今は結婚して子供が2人、子供たちに自分が農作業をしている姿を見せている。真剣に見ているそうだ。話を聞いて嬉しくなった。おじさん（夫）おばさん（私）も応援してます！

私の子供たちはみな成人、次男が平成元年生まれ。今年30歳だ。3人ともに大学は農学部。卒業後も農業に携わる仕事をしている。長男が私たちと一緒に農業をしている。まだ自分の農業がみつからないようだが、仲間たちと新しい作物を作ってレストランなどに納めている。早く息子からお給料をもらえるように願っている。

私もいろいろ失敗した。稲刈り田んぼを間違えて角刈りをしてしまったり、籾運びのトラックの籾出し口を閉め忘れ、田んぼから家まで籾を落としてきたり（ここで、ひとつ、農業するなら車の運転免許は必要）。失敗してしまったことはしょうがない。次から気をつければいい。そんな気でいたから、今まで農業をしてこられたのかもしれない。

農業のやり方・とらえ方はいろいろあるが、夫と話し合いながら、農業をしてきた。今もこれからも。我が家の農業の形。作物を作り、食べてもらう。それが命を守り、心豊かにする。人と関わりながら優しい・楽しい農業をしていきたい。そんな夫と私の姿を見ていた子供たちだから農業が楽しいと思ってくれたのだろう。それがまた次の世代につながることを願って大と頑張っていきたい。

（2019年執筆）

やまざきようこ著「おけら牧場　生き物たちとの日々」より転載

やまざきようこ著「ラーバンの森から」より転載

あとがき

大石 和男

農に対する世間の評価は、時代によって移り変わる。好意的な時と批判的な時とが、コロコロと入れ替わるのだ。

「バブル経済」と呼ばれた1980年代後半は、農業に対するバッシングが吹き荒れていたことを思い出す。当時はお金や土地を「転がす」ことで、簡単にお金儲けのできていた時代だったのだ。その一方で、額に汗し、土にまみれ、太陽のリズムに合わせながら生き物を育てていく農業は、非効率で、苦労の多い仕事として人々の目に映っていた。当時のお百姓は、この理不尽な批判に、黙って耐えるしかなかった。

やがて時が移り、農の再評価が始まるのは、ハリボテ経済の崩壊した90年代に入ってからである。その担い手は、主に女性たちであったといっても過言ではない。1994年に誕生した「田舎のヒロインわくわくネットワーク」は、この波にうまく乗ったばかりか、むしろ途中からは、波を引き起こす力そのものとなった。農を通じて自己実現することの楽しさを、農村女性に知らしめていったことは、このネットワークの大きな功績である。

自己実現に目覚めた農村女性たちは、農産加工品の生産と販売、農家民宿（民泊）の導入、直売所の開設など、それまでは夢想するだけであった構想を次々と実現させ、そこで得た知識と経験を余すことなく仲間に伝えていった。そして彼女たちの活躍によって農村と都市との交流が深まり、都会人や若者の間に、農のファンを大きく増やしていくこととなった。

もうおわかりであろう。本書の第３部は、農のイメージがマイナスからプラスへと大きく転換する時期に活躍し、農の魅力を存分に発信してきた女性たちの話なのである。現代において農が多くの人々の心を掴んでいるのも、この世代の女性たちの活躍があるからにほかならない。彼女たちの文章からは、時代の壁を突破してきた者のもつ迫力が、存分に伝わってくることであろう。

これに対して第１部の主役は、現代の感性を全開にしながら農と向かい合う若い女性たちである。ネットワークを築いてきた世代を母親世代と呼ぶならば、こちらはいわば娘世代。親子ほどの年齢差を乗り越えて世代交代を果たしたＮＰＯは、全国的にみても珍しいであろう。

彼女たちの特徴は、数ある人生の選択肢の中から、敢えて農を選び取った点に求められる。彼女たちは、農が魅力的な世界であり、たくさんのチャンスを与えてくれる場であることを、直感的に感じとっていた。第１部で登場する話には、「食べ物を作る仕事」という昔ながらの農業像から大きく飛躍した内容も多い。若い世代によって、農のイメージは今まさに塗り替えられつつあるのだ。それゆえにこの本の面白さは、年の離れた母と娘が、それぞれの立場と感性に従って、違う角度から農を語っている点にある。さらに、非農業者による応援文（第2部）は、立場こそ違えども、農に熱い想いを抱く人々が世の中にはたくさんいることを教えてくれる。

序文で書かれているように、農には変わる部分と変わらない部分がある。読者のみなさんが本書を面白いと感じてくださったのならば、それは時代の変化にもかかわらず、人々が人事にし続けてきた農の本質的な価値を、なにかしら汲み取っていただけたからではないだろうか。そして、農がもたらすたくさんの可能性に、気づいていただけたからではないだろうか。

ところで最後に考えていただきたいことがある。それは「みんなで守り育てていきたくなる農」、および「守っていく価値のある農」とは何か、という問いである。

近年ではAIが、さも最先端の技術であるかのようにもてはやされている。だが、もしAIが、人間のためではなくAIのために金儲けをし始めたならば、私たちはそのような装置を必要と思うであろうか。スマート農業も同様である。私たちが惹かれる農は、土や生き物に触れることなく、パソコン画面とにらめっこするだけで完結する農業ではないし、東京のマンションの一室から北海道のトラクターをリモコンで操作するような農業でもない。

本来の農とは、太陽の恵みによって物質が循環する中で、生命の育まれる過程にそっと寄り添い、多少の手を貸すことによって、自然からのおこぼれを頂戴するという営みである。お百姓が農作物を「作った」ではなく「採れた」と言うのも、自然の力が人間の営みを大きく上回っていることを知っているからにほかならない。みなさんが応援したくなる農とは、自然と人間の関係を謙虚に受け止め、そこから人間の生の充実感を最大限に引き出すことのできる農であることだろう。

そうだとしたとき、次に私たちが考えねばならないのは、どのようにすれば、都市民や若者が、農を積極的に応援できるようになるのか、という点である。変える部分は変え、守っていく部分は守りながら、人々の共感を呼び起こすことのできる農のスタイルを、今まさに模索していかねばならない。そこで最後に問いかけてみたい。

みなさんが関わりたいと思う農は、どのようなものですか?
みなさんが後世に残したいと考える農は、どのようなものですか?

本書は、農がもたらす豊かな恵みを信じ、これを守り育てていくことに使命を感じた人々が、いろんな想いを込めて作った本です。農と環境を守り、その良さを次世代に伝えていく私たちの活動を、どうかご支援ください。そして、一緒に活動していきましょう!

大石 和男

1970年生。学生時代に山崎洋子氏の農場をふらりと訪ねたことをきっかけに「田舎のヒロインわくわくネットワーク」に参加。NPO法人化後は長らく理事を務める。京都大学大学院農学研究科教員。研究テーマは、戦後日本の農的思想について。

田舎のヒロイン年表

農業に携わる女性を中心として1994年3月に発足したネットワーク。農を営む女性が、自ら考え、行動し、自立して生きていくための活動を編み出してきた。その後、女性農家の視点から社会に訴えかけられる企画提言を行う集団となるべく2003年にNPO法人化。農業に直接関わらない人や男性たちも会員になっており、北海道から沖縄まで、〝ヒロイン〟たちのつながりは、日本全国に広がっている。

1994年　福井県の女性農家（おけら牧場・山崎洋子氏）の呼びかけにより、田舎のヒロインわくわくネットワーク（全国の女性農家をつなぐ任意団体）結成。
1998年　文集「田舎のヒロイン」発刊。
2000年　雪印100株運動（食品事件に危機感を抱いたメンバーらが自主的に雪印の株を買い、株主の立場から企業倫理を問い直そうとした運動）。
2001年　文集「田舎のヒロインNo2」発刊。
2003年　NPO法人田舎のヒロインわくわくネットワーク設立。

任意団体の結成以来、3年に1回ほど早稲田大学などで全国集会を開催。NPO設立後は、わくわく子ども塾（子供の受け入れ活動）や、（独）農業環境技術研究所との意見交換会、研修受け入れなどを各地で開催。2010年頃からは会員の高齢化などにより、活動が徐々に減り出した。

2014年　ネットワークづくりからアクション（行動）へとステージを移すことを目的として、役員交代し（全員40代以下の現役女性農業者に）、名称をNPO法人田舎のヒロインズに変更。発信力を高める、受信力を高める（持続可能なおもてなし）、社会に一石を投じるアクションを起こす、という3つの基本理念を打ち立てる。

2015年「再生可能なエネルギー視察」（新潟）と「田んぼファッションショー」（熊本）を開催。

2016年　熊本地震発災後の夏に主に農業者の子女を対象とした「リトルファーマーズ養成塾」を開催。「生物多様性アクション」の特別賞および未来賞を受賞。翌年は世界農業遺産に認定されている新潟県の佐渡島で第2回を、2018年には再び熊本県の南阿蘇村で第3回を開催。

2017年　被災地・熊本で「農村大好き！」PRイベントおよび動画作成、世界に向けて農村の魅力を発信する活動に着手。高校や大学での出前授業も開始。

2018年　リトルファーマーズ養成塾ｉｎモロカイ島（ハワイ）を実施し、一次産業従事者の子供同士の国際交流活動を開始。

２０１４年の世代交代・リニューアルから４年間で役員や事務局員が次々と結婚、出産したことから（７人が結婚、９人の子供が生まれた。現在のところ、理事・幹事９名で28名のリトルファーマーズたちが存在する）、２０１８年度より主な活動および目的を「農家の後継者不足に歯止めをかける」ことに一本化した。結婚・出産ラッシュにより事務局体制が整わずにいるが、最初の文集が発行されてから20年が経ったのを機に、本書の出版に取り組む。今後は広く会員を募り、想いや活動を共有できる新たな仲間を募ったり、多様な分野の組織や企業との連携を模索したりしていく。

ＳＤＧｓと呼ばれる17の目標について、すべて関与できるのが「女性農家」である、という認識のもと、２０２０年に向けてＫＰＩ（具体的な目標値）づくりにも乗り出す意向である。

編者紹介

NPO法人田舎のヒロインズ

前身となる「田舎のヒロインわくわくネットワーク」は、農を営む女性たちの呼びかけにより、1994年3月に結成された。2014年3月、団体名を「NPO法人田舎のヒロインズ」に変更し、40代以下の現役若手女性農家が役員となる体制に刷新。農を営む女性が、自ら考え、行動し、社会に訴えかけていくという意識を受け継いで、再スタートした。現在は農を応援してくれる方々、学生、男性へその輪を広げ、全国に会員がいる。「農業後継者不足の解消」をモットーに、農業や農村の意義および価値を女性の視点から見直し、農業に関心を持つ次世代を増やすための提案・提言を行っている。
http://inakano-heroine.jp/

◎表紙題字
小山 薫堂

◎表紙絵
榊 浩行
※第2部に寄稿いただいた榊氏はALS患者。視線入力により絵を描く画家である。

◎本書スタッフ
アートディレクター/装丁： 岡田 章志
編集協力： 有須 晶子、株式会社タテグミ
デジタル編集： 栗原 翔

●本書の内容についてのお問い合わせ先
株式会社インプレスR&D　メール窓口
np-info@impress.co.jp
件名に「『本書名』問い合わせ係」と明記してお送りください。
電話やFAX、郵便でのご質問にはお答えできません。返信までには、しばらくお時間をいただく場合があります。
なお、本書の範囲を超えるご質問にはお答えしかねますので、あらかじめご了承ください。
また、本書の内容についてはNextPublishingオフィシャルWebサイトにて情報を公開しております。
https://nextpublishing.jp/

●落丁・乱丁本はお手数ですが、インプレスカスタマーセンターまでお送りください。送料弊社負担にてお取り替えさせていただきます。但し、古書店で購入されたものについてはお取り替えできません。
■読者の窓口
インプレスカスタマーセンター
〒101-0051
東京都千代田区神田神保町一丁目105番地
TEL 03-6837-5016／FAX 03-6837-5023
info@impress.co.jp
■書店／販売店のご注文窓口
株式会社インプレス受注センター
TEL 048-449-8040／FAX 048-449-8041

耕す女（ひと）

持続可能な世界をつくる女性農家の挑戦

2019年10月11日　初版発行Ver.1.0（PDF版）
2019年12月11日　Ver.1.2

編　者　NPO法人 田舎のヒロインズ
編集人　錦戸 陽子
発行人　井芹 昌信
発　行　株式会社インプレスR&D
〒101-0051
東京都千代田区神田神保町一丁目105番地
https://nextpublishing.jp/
発　売　株式会社インプレス
〒101-0051　東京都千代田区神田神保町一丁目105番地

印刷・製本　京葉流通倉庫株式会社
Printed in Japan

ISBN978-4-8443-9692-5